楽しい金魚の飼い方

プ[illegible]る33のコツ

新版

―長く元気に育てる―

伊藤養魚場
長尾桂介 監修

はじめに

「きんぎょ～ぇ、きんぎょ」のふれ売りの声は江戸の頃よりの風物詩。今ではその声を聞くこともなくなりましたが、金魚人気は衰えるところを知りません。子どもの頃に、金魚すくいに夢中になった記憶のある人も少なくないはずです。そして金魚の泳ぐ姿に涼を覚え、心和まされたのではないでしょうか。その姿のかわいらしさ、飼育の手軽さ、種類の豊富さといい金魚の魅力は尽きません。

それでも、なかには縁日ですくってきた金魚があっけなく死んでしまったという経験から、金魚を飼うのをためらう方もいらっしゃるようです。しかし、実はいくつかのポイントさえ押さえておけば、10年以上生きることも珍しくなく、イヌやネコと同じように家族の一員として可愛がれるのです。そこで本書では、「これさえ知っておけば大丈夫」という飼育の33のコツをまとめました。

金魚のいる生活は、きっとあなたに癒やしと安らぎをもたらしてくれるはずです。ぜひ気軽に金魚を飼ってみてください。

もくじ

※本書は2018年発行の『楽しい金魚の飼い方 プロが教える33のコツ　長く元気に育てる』の新版です。

第1章 金魚を飼う前に

1 金魚のルーツを知ろう

◆金魚は、1500年以上前に中国でフナから突然変異した
◆日本には室町時代の末期に中国から伝わった
◆江戸時代後期には、庶民の間でも「金魚ブーム」が起こった

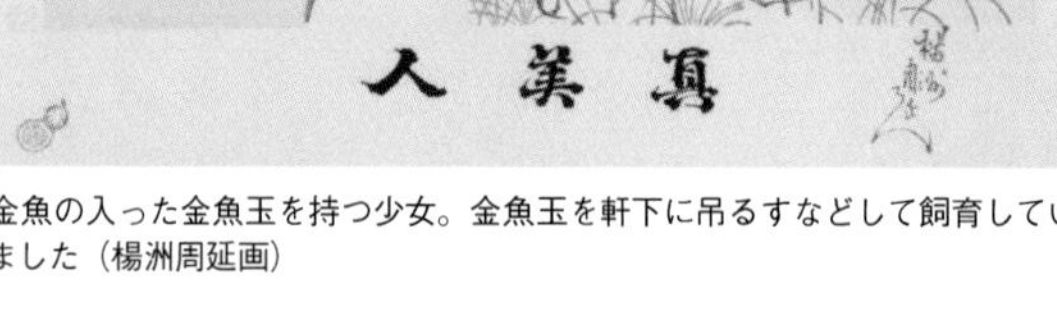

金魚の入った金魚玉を持つ少女。金魚玉を軒下に吊るすなどして飼育していました（楊洲周延画）

1500年以上前にフナから突然変異

かわいらしい姿で私たちの心を癒やしてくれる金魚。もともと**金魚は、野生のフナが突然変異で赤くなった魚**を固定してつくった観賞魚です。日本にもたくさんの種類のフナがいますが、その祖先をたどっていくと、中国のギイというフナの一種に行き着きます。その後、金魚の姿形は大きく変化しますが、フナから習性など多くの特徴を受け継いでいます。

中国では、何と1500年以上前から金魚が飼育されていたといわれています。宋の時代には、新種の金魚をつくり出すことに没頭した皇帝もいました。現在、私たちが親しんでいる金

魚にはそのような古い歴史があるのです。

江戸時代後期には庶民の間で金魚ブームに

日本に金魚が伝わったのは、室町時代の末期といわれています。当初は、長崎や上方（京阪地方）の大名などが飼育していました。

すいれん鉢で金魚を飼育する親子の様子が描かれています（歌川豊国画）

江戸時代の元禄期（1688～1704年）には一部の富裕層に金魚の飼育が広がりました。その後、「金魚玉」といわれる丸いガラス製のボウルがつくられたことで、室内でも金魚を飼えるようになりました。そのため、**江戸時代後期になると、狭い長屋に暮らしていた庶民の間にも金魚ブームが起こります。**天びん棒に提げたタライの中に金魚を入れて売り歩く金魚売りの掛け声は、江戸の夏の風物詩でした。

当時、金魚を稚魚から養殖していたのは、驚くことに武士でした。下級武士は収入が低く、内職として金魚を養殖していたのです。

今ではたくさんの品種がいますが、江戸時代には、和金（わきん）やランチュウがほとんどでした。

現在もさまざまな新しい品種が生み出されています

幕末になって、琉金（りゅうきん）やオランダ獅子頭（ししがしら）などが徐々に入ってきました。

明治時代以降、中国から出目金（でめきん）や頂点眼（ちょうてんがん）などのたくさんの品種が入ってきました。金魚の品種改良は現在も行われていて、日本の金魚市場も多様化しています。

2 金魚の体を知ろう

◆細身の金魚は「長もの」、丸っこい金魚は「丸もの」
◆各部位をよく観察するとチャームポイントが見えてくる
◆尾ビレには金魚の特徴がよく表れている

各部位に注目して品種の特徴をつかむ

一口に金魚といっても、個性はさまざまです。

和金のように祖先の**フナに近いタイプは「長もの」、また琉金のように体長が短く横から見て丸いタイプは「丸もの」と呼ばれます。**長ものはスイスイと素早く泳ぐ品種が多く、逆に琉金やランチュウ、オランダ獅子頭などの丸ものは、ゆったりと優雅に泳ぎます。長ものと丸ものは動きが異なるため、同じ水槽に入れないほうがいいとされています。

金魚のチャームポイントを見つけやすくするためにも、各部位について知っておきましょう。**金魚は、尾ビレの形状、背ビレの有無などに特徴が表れます。**特に尾ビレにはたくさんの種類があり、和金の「フナ尾」、コメットなどの「吹流し尾」、琉金の「三つ尾」「四つ尾」などと名づけられています。

プロからのアドバイス

横見と上見

金魚は品種によって、「横見(横から見る)」が良いもの、または「上見(上から見る)」が良いものと、体型によって観賞のポイントが異なり、横見と上見のどちらを重視するかによって水槽の形状を選ぶのが一般的です。もっとも、金魚は角度によっていろいろな眺めが楽しめますから、いずれの水槽でも構わないというファンもいます。

オランダ獅子頭の上見

また、ランチュウやオランダ獅子頭など、肉瘤（にくりゅう）の形状が観賞のポイントとなっている品種もいます。

各部位の名称

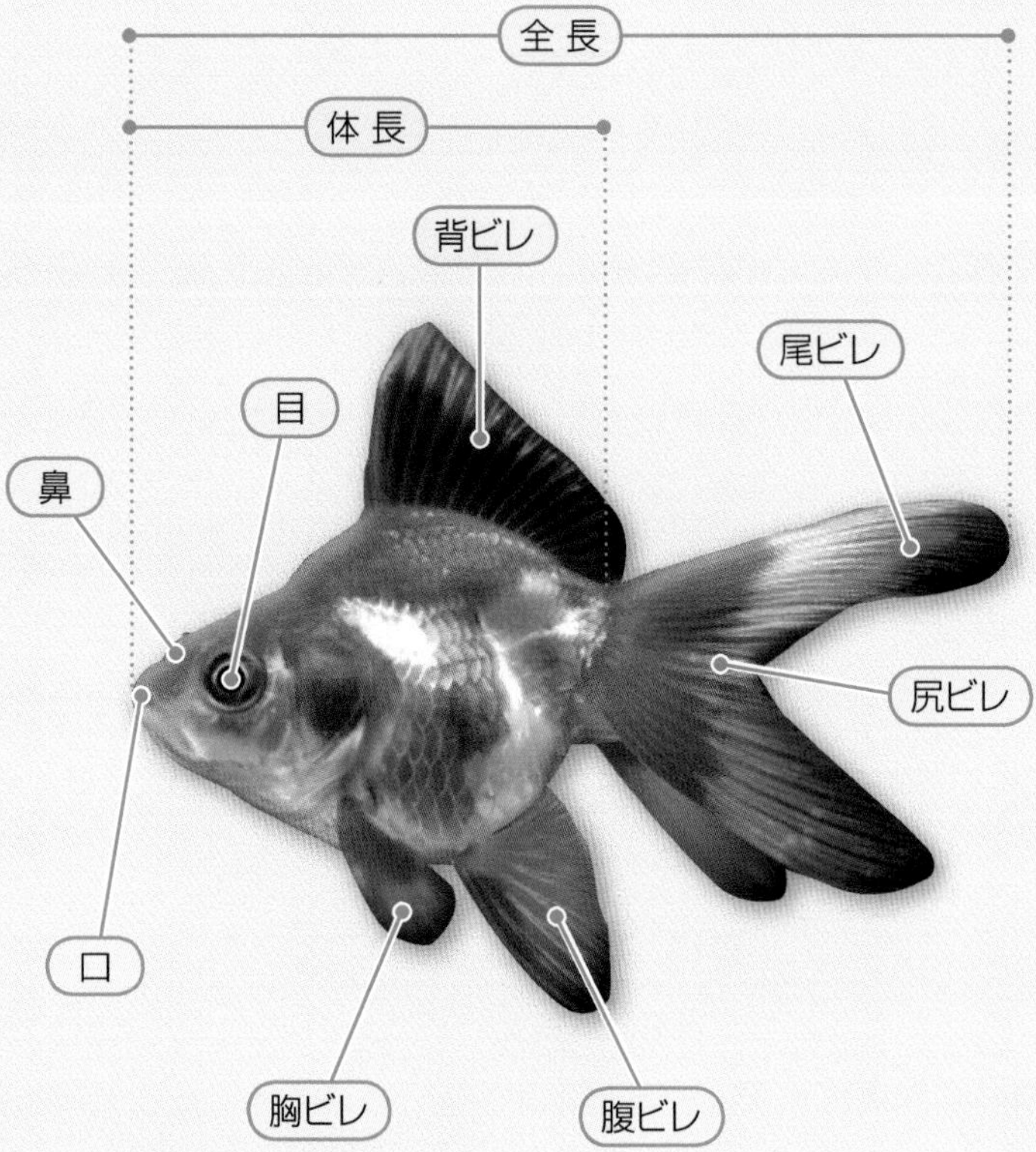

全長
体長
背ビレ
尾ビレ
目
鼻
尻ビレ
口
胸ビレ
腹ビレ

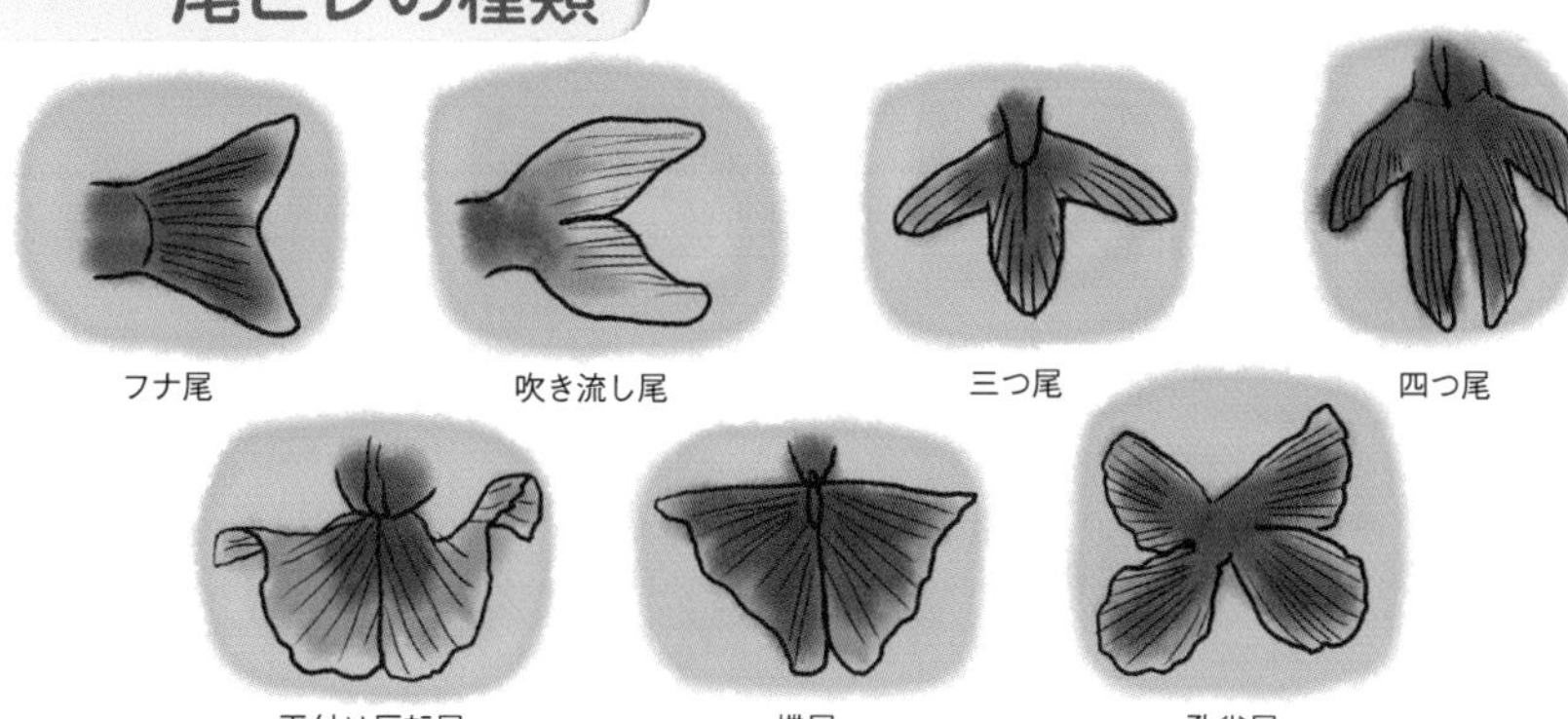

3 オスとメスを見分けよう

◆繁殖を考えるなら、オスとメスを見分けよう
◆オス・メスの違いは、生殖孔を見るとわかる
◆オスの追星やフンの太さなどもチェック

オスとメスを見分けるいくつかのポイント

金魚を1匹だけ飼う場合は、オスかメスかをあまり気にしなくていいかもしれません。しかし、行く行くは繁殖をというのであれば、オス・メスを見分けて手に入れなければなりません。

金魚の性別は一目ではわかりづらいですが、いくつか区別をするポイントがあります。

最も特徴が表れているのが、生殖孔の形です。**オスの生殖孔は細長く、メスは円形に近い形をしています**。水槽で泳いでいる金魚の生殖孔を確認するのは難しいので、ショップ店員に声を掛け、確かめましょう。店員の許可なしに、水槽の中の金魚をつかまえて生殖孔を見るという行為は絶対NGです。

そのほか、**繁殖期になると、オスのエラぶたや各ヒレに「追星（おいぼし）」と呼ばれる白い粒々の突起が現れます**。一見、病気のように勘違いされることもありますが、病気による斑点とは形状が異なります。一方、メスは、繁殖期に入ると卵が成熟し、おなかがふっくらとしてきます。

もう一つ、あまり知られていませんが、フンの太さがオスかメスかによって異なります。**オスに比べて、メスのフンはかなり太い**という特徴があります。

金魚の性別は、初心者にはなかなかわかりづらいかもしれないので、確実に見分けたい場合は店員に相談してみるといいでしょう。

特徴を知ってオス・メスを見分けましょう

オスとメスの見分け方

生殖孔の形

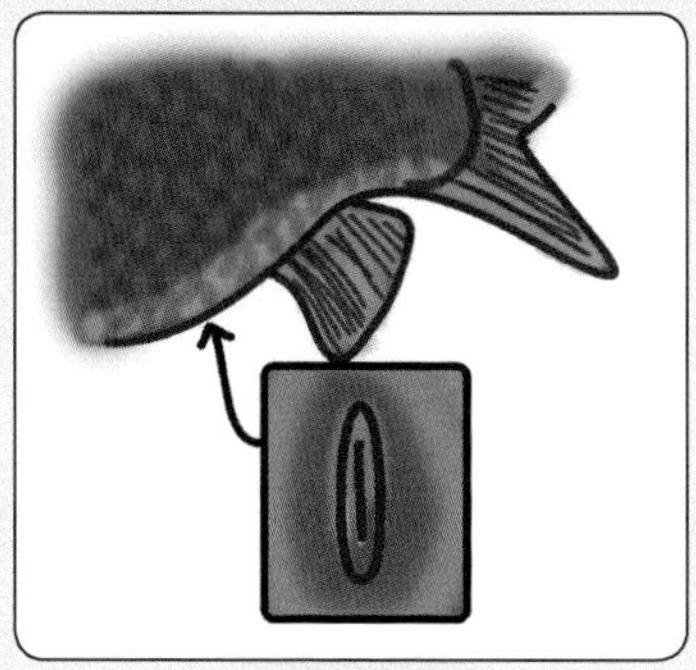

●オス→細長い

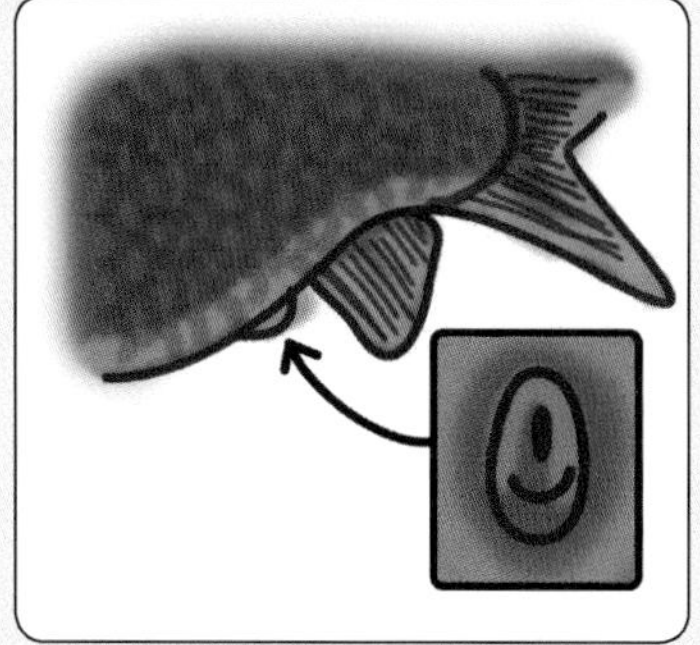

●メス→丸い

追星

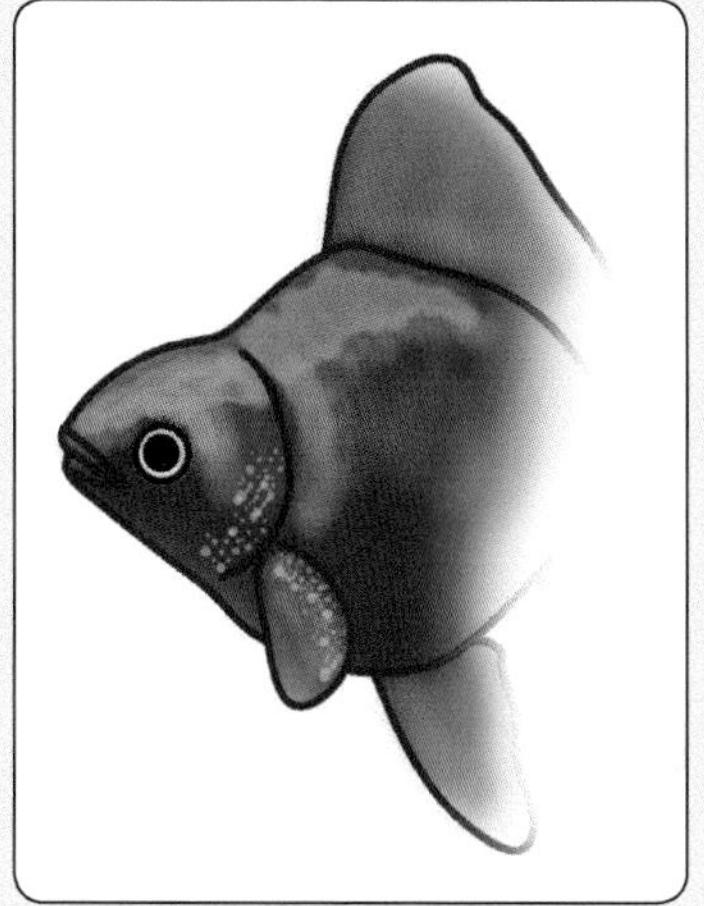

● 繁殖期になると、オスのエラぶた周辺に白い点々が現れる。

フンの太さ

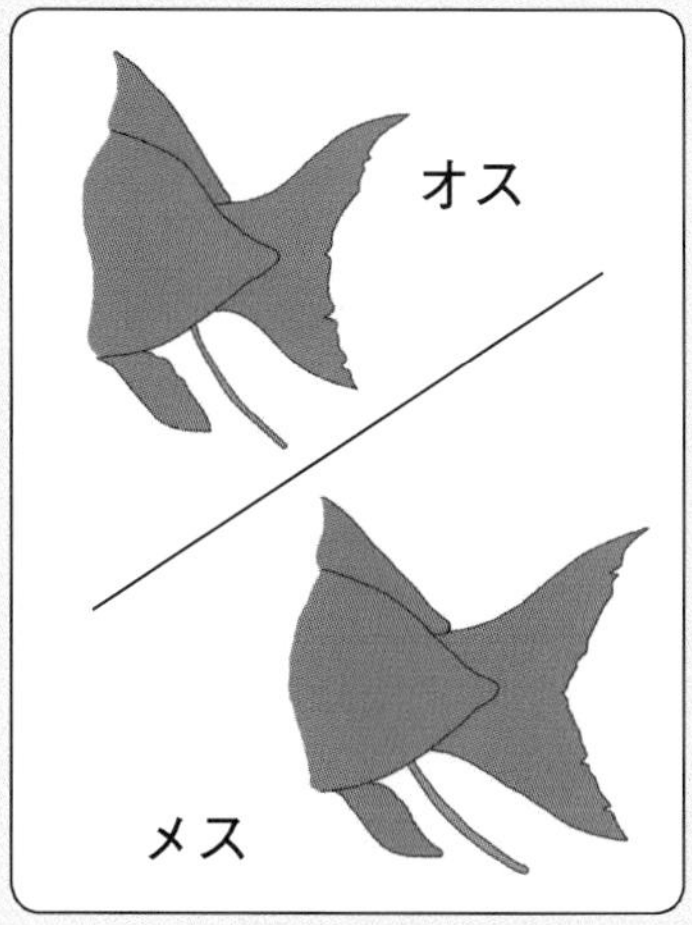

●オス→細い
●メス→太い

4 金魚を上手に選ぼう

◆良い金魚は、見た目もきれいなことが多い
◆見た目をクリアしたら、動きをチェックしよう
◆何より自分の気に入った金魚を選ぶことがポイント

体や動きをチェックし元気な金魚を選ぼう

元気で長生きする金魚の見分け方にもコツがあります。店員のアドバイスも参考になりますが、自分でも良い金魚の特徴を知っておきましょう。

基本的に**良い金魚は、見た目もきれい**なものです。色鮮やかでツヤがあるか、体やヒレなどに傷がないか、斑点などの病気の兆候がないかといった観点からチェックします。

病気を持っていないかを判断するために、ヒレをよく見てください。ヒレに斑点があり、ヒレの先に透明感のない金魚は、病気持ちや状態がよくない可能性があります。

品種の特徴がよく表れているかどうかもチェックポイントです。例えば、ランチュウであれば、肉瘤が発達しているかに注視します。

水槽の中での金魚の動きもよく観察しましょう。群れの中で活発に泳いでいるか、水面近くでじっとしていないか、エサに素早く反応するかなど、よくよく観察すると、元気いっぱいの金魚は自ずと見分けられるものです。

専門的には、金魚の評価には細かい基準がありますが、初心者であれば、まずは元気を基準にすればいいでしょう。「一期一会」の気持ちで、自分の気に入った金魚を選べば、より愛着が湧くはずです。

良い金魚はたいてい見た目もきれいです

金魚の体を観察！

- 色鮮やかでツヤがあるか
- 体に気になる傷がないか
- 上から見て左右均等か
- 病的な斑点がないか
- ヒレが傷ついたり、破れたりしていないか
- ウロコが逆立っていないか

金魚の動きを観察！

- 群れの中で活発に泳いでいるか
- エサに素早く反応するか
- エサをよく食べるか
- 左右のエラを均等に使っているか
- 水面近くでじっとしていないか

5 金魚を手に入れよう

◆金魚の管理が行き届いたお店で手に入れよう
◆インターネット通販も好みの金魚と出会えるチャンスの一つ
◆金魚すくいの金魚も管理次第では長生きする

どのような金魚が欲しいか、店員に気軽に相談してみましょう

金魚の生きのよさがお店選びのポイント

せっかく金魚を飼うのですから、長い付き合いをしたいものです。そのためには何よりお店選びが大切です。金魚は、ペットショップや熱帯魚店などさまざまなお店で売られていますから、どこで買おうか迷ってしまうかもしれませんが、いくつかのポイントを知っていればその見極めも容易になります。

まず、**金魚の管理がしっかりしていることがポイントです。**水槽の水が濁っておらず、生きの良い金魚が元気に泳いでいれば安心です。逆に、死んだ金魚が水槽の中に浮いているようなお店はあまり信頼できません。

そしてもう一つが、**店員が親切に質問や相談に応じてくれるかどうかです。**金魚にはさまざまな病気があります。「ちょっと調子が悪いな」と感じたときに、

良いお店の選び方

◎金魚の管理が行き届いている
◎元気できれいな金魚が多い
◎店員が親切に相談に乗ってくれる

すぐに相談できるプロの店員がいるお店で買えば安心できます。

インターネット通販で好みの金魚を探そう

インターネットなど通信販売で金魚を購入することもできます。実際に実物を見て買うに越したことはありませんが、たくさんの種類の金魚から好みの品種を見つけ出して注文できるのが魅力です。「金魚を発送して大丈夫なのかな」と思うかもしれませんが、専用の梱包材で丁寧に発送されますから心配はいりません。インターネットで探す際には、ホームページで十分に情報を提供している、次々に新入荷の金魚が入るなどといった観点から探すといいでしょう。

水槽がきれいにメンテナンスされているかもお店選びのポイント

プロからのアドバイス

金魚すくいの金魚

縁日でおなじみの金魚すくいの金魚も、管理次第では十分に長生きします。ただし、金魚すくいの金魚は長期の移動などでストレスがたまっています。そこで、なるべく早く家に持ち帰り、広いスペースで泳がせてリラックスさせてあげましょう。中和剤を使って水質を整えることも大切です。また、すぐにはエサをあげず、金魚が水槽に慣れるまで様子を見て、2、3日後から与え始めるのがポイントです。

金魚すくいでは、群れから離れず、元気に泳いでいる金魚を選びましょう

6 水槽を手に入れよう

◆金魚の生態や部屋のインテリアに合わせて選ぼう
◆初心者はアクリルやプラスチックの水槽が扱いやすい
◆金魚鉢などの小さな容器は長期的な飼育には不向き

30センチの水槽なら3匹 少なめが元気に育てるコツ

金魚を長く飼うために水槽も慎重に選びましょう。サイズやデザイン、価格、材質など、さまざまな水槽が販売されていますので、金魚の生態はもちろん、部屋のインテリアなどにも合わせて選んでください。

横幅30センチ前後の水槽であれば、金魚は3匹ほどが適しています。 たった3匹と思われるかもしれませんが、金魚にも遊びの空間が必要です。また、**小さな水槽でたくさん飼うと水が汚れるのが早くなり、金魚が体調を崩しやすくなります。** 横幅60センチ前後なら小型金魚10匹、90センチ前後の大型サイズなら15匹くらいが目安となります（いずれも、金魚の体長は5～6センチの小型を想定しています。大型の金魚なら、もっと少なくなります）。水槽のサイズに合わせて適切な数にしましょう。

さまざまな素材の水槽を用途に応じて使い分ける

水槽の材質もさまざまです。**初心者ならアクリルやプラスチックが軽くて扱いやすいでしょう。** ガラス製はデザイン性

長期的な飼育には不向きですが、金魚の姿が映えるのが金魚鉢の魅力です

が高く、表面に傷がつきにくいなどの長所がありますが、比較的重く、扱いに注意が必要です。虫かごなどとして使われることが多いスチロール水槽は、価格も安く軽量ですが、あまり丈夫ではありません。そのため、掃除時や繁殖用など予備の水槽として使うといいでしょう。

昔ながらの丸い金魚鉢も趣があって好きという人も多いかもしれません。ただ、水量が少なく水が汚れやすいため、長期的に飼うのには向いていません。また**金魚鉢は水量が少なく酸素が不足しやすい**ため、どうしてもというのであれば、特に夏の暑い時期にはエアレーションは欠かせません。テーブルに置くなどインテリアとして楽しめるのも金魚鉢の魅力です。

プロからのアドバイス

成長に合わせて水槽を変更

水槽のサイズに対して金魚の数が多いと、水がすぐに汚れたり、酸素が不足しがちになったりします。水槽に合った数を飼うようにしてください。金魚は意外と大きく成長します。金魚が大きくなって水槽が狭くなったら、水槽を買い替えることも必要です。

金魚鉢は水量が少ないので、あまり多くの金魚を入れないようにしましょう。

アクリル水槽は割れにくく、デザインも豊富。レイアウトとしても楽しめます。

スチロール水槽は、薬浴や繁殖などの際に別の金魚から離したいときに便利です。

7 飼育用品をそろえよう

◆金魚を飼うのに必要な器具の用途を知ろう
◆各器具には多くの種類があるため、店員などに相談しよう
◆金魚の種類や数によっても必要な器具のサイズなどは変わる

これだけはそろえたい金魚の飼育グッズ

金魚の飼育に必要なものを説明します。

水槽

金魚の種類や、何匹飼うのか、将来的なことも考え合わせてサイズを考えましょう。設置場所が限られるなら、そのスペースに合わせた数の金魚を飼うしかありません。

水槽台

水槽に水を張るとかなりの重さになります。設置場所によっては専用台があると安心です。

エアーポンプ

金魚は水中の酸素を吸っています。水量が多い水槽でも、金魚の数によっては酸欠を起こす危険性があります。

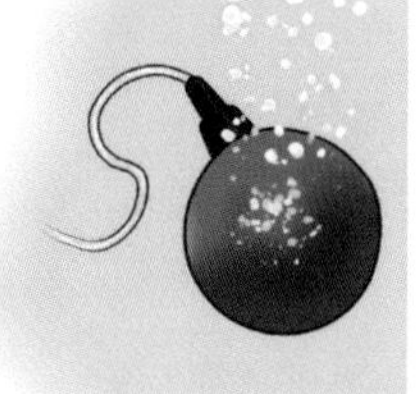

エアーポンプがあるとそんな心配もありません。

ろ過装置

ろ過装置の設置によって水換えの頻度を減らせ、飼育が楽になります。たくさんの種類がありますが、小さな水槽では急激な流れをつくらないものを選んでください。

底砂

底砂を入れておくと、水を長持ちさせるバクテリアが繁殖しやすくなります。水槽内のレイアウトに大きく影響しますし、種類も豊富ですので、好みのものをじっくり検討しましょう。

水草

水草の美しい緑は金魚の赤色をより美しく演出しますし、産

卵時期には魚巣にもなります。さらに、光が当たると光合成が行われて水中に酸素を供給しますので、できれば入れましょう。ただし、光が足りない場所では枯れてしまうことがあります。暗い環境の場合は造花をおすすめします。

蛍光灯

水槽内の見栄えが良くなるほか、水槽を生育させる効果もあります。特に室内の暗い場所に置く場合は設置したいところです。金魚を撮影するときも、蛍光灯があるとクリアな写真を撮ることができます。

蛍光灯は付けっ放しにはせずに、夜間は消して生活のリズムを整えてあげましょう。

ネット

金魚をすくうほか、ゴミを取るためにも必要です。

水温計

金魚は水温の変化に敏感。水温計をセットしてこまめに管理するようにしましょう。

コケ取りブラシ

水槽のコケ取りは、スポンジなどでもかまいませんが、専用ブラシがあると効率的です。

ヒーター

絶対に必要なわけではありませんが、水温が下がる冬場もヒーターがあれば元気に過ごせます。薬浴の際などに、水温を上げたい場合にも使います。サーモスタットが内蔵されたものもあります。

中和剤

水はくみ置きでもいいですが、中和剤を使うと素早く塩素を抜くことができるので便利です。

ホース

水換えなどの際にバケツでいちいち水を運ぶのは面倒です。ホースがあると、いろいろな場面で役立ちます。

8 水について知ろう

◆飼育水は水道水でOKだが、塩素を抜く必要がある
◆塩素を抜くには、くみ置きが最もお手軽
◆市販の中和剤を使えば、すぐに塩素が抜ける

金魚が快適に過ごせる飼育水を用意する

金魚を飼育するうえで水に関する知識は欠かせませんが、決して難しいことではありません。正しく理解して、金魚にとって快適な飼育水を用意してあげましょう。

金魚は淡水魚ですから、塩水ではなく、**塩分が0・5％以下の真水を使う**ようにします。基本的に水道水は病原菌がなく、金魚が好む軟水ですから、これを使用して一向に構いません。

ただし、水道水には1～4PPMの塩素が含まれています。これは人間にとってはまったくの無害ですが、金魚にとっては体調を崩す原因となりますから、**塩素を抜く作業が必要になります**。また、カルシウムやマグネシウムを多く含む硬水は金魚の飼育には向きません。

最も単純な方法は、バケツなどに水をくみ置きすることです。1～2日間置けば、塩素は空気中に飛散してなくなります。直射日光に当てれば、さらに早く

プロからのアドバイス

川や池の水は使える？

池沼や川の水は、金魚の飼育に適していると思われるかもしれません。確かに問題のない場合もありますが、工場排水や家庭排水が流れ込んでいることもあります。さらに有害な昆虫などが混ざっていたりしますので、基本的には水道水を使うほうがいいでしょう。また、井戸水は鉄分やカルシウムが溶け込んでいる可能性もありますから、検査してから使うのが無難です。

抜けます。くみ置きの間にエアレーションをすれば、水中に十分な酸素を送り込むことができます。

人間にとっての空気と同じ 細心の注意を払おう

くみ置きするほどに時間的余裕がないときには、**金魚専門店などで販売されている中和剤を使う**という方法もあります。水槽の中の水に規定の量を入れるだけで、すぐに塩素が抜けるので安心です。

金魚にとって水は、人間にとっての空気と同じです。水が合っていないと、あっさりと死んでしまうこともありますから、細心の注意を払うようにしましょう。

ここがポイント

くみ置きをする

①

水道水は、金魚にとって十分な酸素を含んでいません。くみ置きの途中で、エアレーションをすると、酸素を送り込めます。

中和剤を使う

②

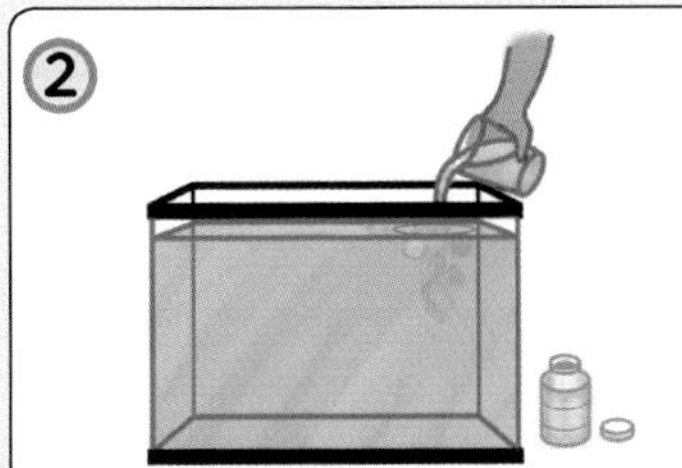

市販の中和剤を入れるだけの簡単な方法です。

③

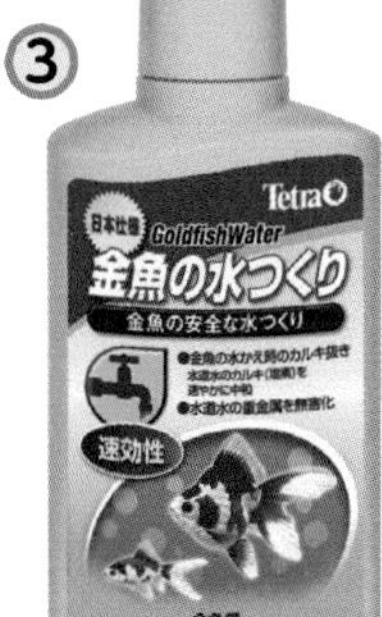

塩素や重金属を素早く無害化する中和剤。

9 水温について知ろう

◆**金魚は変温動物。急激な水温変化に敏感**
◆**金魚の生育に最も適した水温は15～28℃**
◆**ヒーターを設置すれば一年を通して快適な環境に**

水温によって金魚の活発度は大きく異なります

5℃の水温変化で死んでしまうことも

金魚は変温動物ですから、水温によって状態が大きく変化します。**生存可能な水温は0～35℃と幅広いですが、適温は15～28℃。**養殖する場合は、20～25℃が適しています。

ただ、金魚は急激な温度変化に敏感で、水換えなどの際に突然5℃くらい水温が変化すると死んでしまうこともありますから注意が必要です。**水を換えたり、金魚を水槽に入れる際には、必ず徐々に水温に慣らせるようにしましょう。**

金魚は5℃以下の場合は冬眠のような状態になって、水槽の下のほうでじっとしているだけでエサも食べません。10℃を超えるとエサを食べるようになり、15～20℃以上になると動きが活発になります。そのように水温が低いとエサをあまり食べないため、冬は水温を確認しながらエサを少なめに与えましょう。また30℃を超えた場合も、エサをあまり食べなくなります。

食べ切れない量を与えると、水が汚れる原因となるため気をつけてください。**水槽に水温計をセットしておくと、水温の変化が一目でわかって便利です。**

ヒーター設置で病気も予防できる

水槽にヒーターとサーモスタットを設置すれば、一年中、金魚が過ごしやすい環境を整えられます。冬場も元気に泳ぎ回るため、成長も促されます。ヒーターで水温を固定し、水温の急激な変化を抑えられて病気の発生を防げるというメリットもあります。薬浴の際には、通常の飼育温度よりプラス2℃に設定すると、薬の効き目が良くなります。状況に応じて水温をコントロールすることを覚えましょう。

ここがポイント

水温が5℃以下になると冬眠状態になり、エサを食べません。成長もストップします。

金魚が活発に活動するのは15～28℃。食欲も出て体が大きくなっていきます。

30℃以上になると、元気がなくなります。40℃でも耐えられますが、長時間は生きられません。

10 金魚を水槽に入れよう

◆金魚を買ったときは寄り道せずに帰る
◆振動に弱いため、揺らさないように運ぶ
◆水槽に移す際は、とくに温度変化に注意する

金魚はデリケートな面も持ち帰るときは注意

せっかく元気な金魚を手に入れたのに、家に持ち帰ったときには元気をなくしていたというのは、よく聞く話です。金魚を購入して家まで運ぶ際には、いくつかの注意点があります。

まず**寄り道せずに、すぐに家に帰ること**です。お店でビニール袋に酸素を入れてもらっても、それはあくまでも簡易的な措置に過ぎません。家まで1、2時間以上かかる場合は、携帯用エアーポンプも便利です。お店では家までの時間を伝えて水や酸素を入れてもらいましょう。

金魚と水草を一緒に買った場合は、別袋に入れてもらってください。水温の上昇を防ぐため、金魚が入った袋は日光に当てないほうがいいので、紙袋などに入れて運ぶようにします。また、強い振動で金魚を弱らせることがあるため、**できるだけ揺らさないように注意しましょう。**

1〜2日間はエサをやらず見守る

飼育水は金魚を持ち帰る前に必ず用意しておいてください。

プロからのアドバイス

水槽への移動

ビニール袋の中の水には病原菌などが入っている可能性がありますので金魚だけを移すようにしてください。その際、手づかみをすると金魚を傷つけかねません。ネットを使うことをおすすめします。ネットがない場合は、手のひらの中に水をため、すくうようにして金魚を移してください。

家に帰ってから飼育水を用意するような段取りでは、ビニール袋の中の酸素がなくなって弱ってしまうことがあります。

　飼育水を用意していたとしても、いきなり金魚を放してもいけません。健康な金魚であれば2～3℃の温度変化には耐えられますが、それでも体には良くはありません。まずは**ビニール袋ごと水槽の中に入れ、30分～1時間ほどなじませて水温を合わせます。**とりわけ、水温が高い環境から水温の低いところに移すと負担が大きくなります。

　水温が大体同じになったら、水槽の水を少しずつビニール袋の中に入れて慣らし、ネットで金魚をすくって水槽の中に入れるようにします。

　これで一段落ですが、金魚が新しい環境に慣れるまでは安心はできません。**1～2日間は、エサを与えず様子見してください。**環境変化による病気を防ぐために0・2～0・5%の塩水に泳がせることもおすすめです。

ここがポイント

金魚を運ぶときは

金魚と水草は別々のビニール袋に入れて運んでください。

水槽への移し方

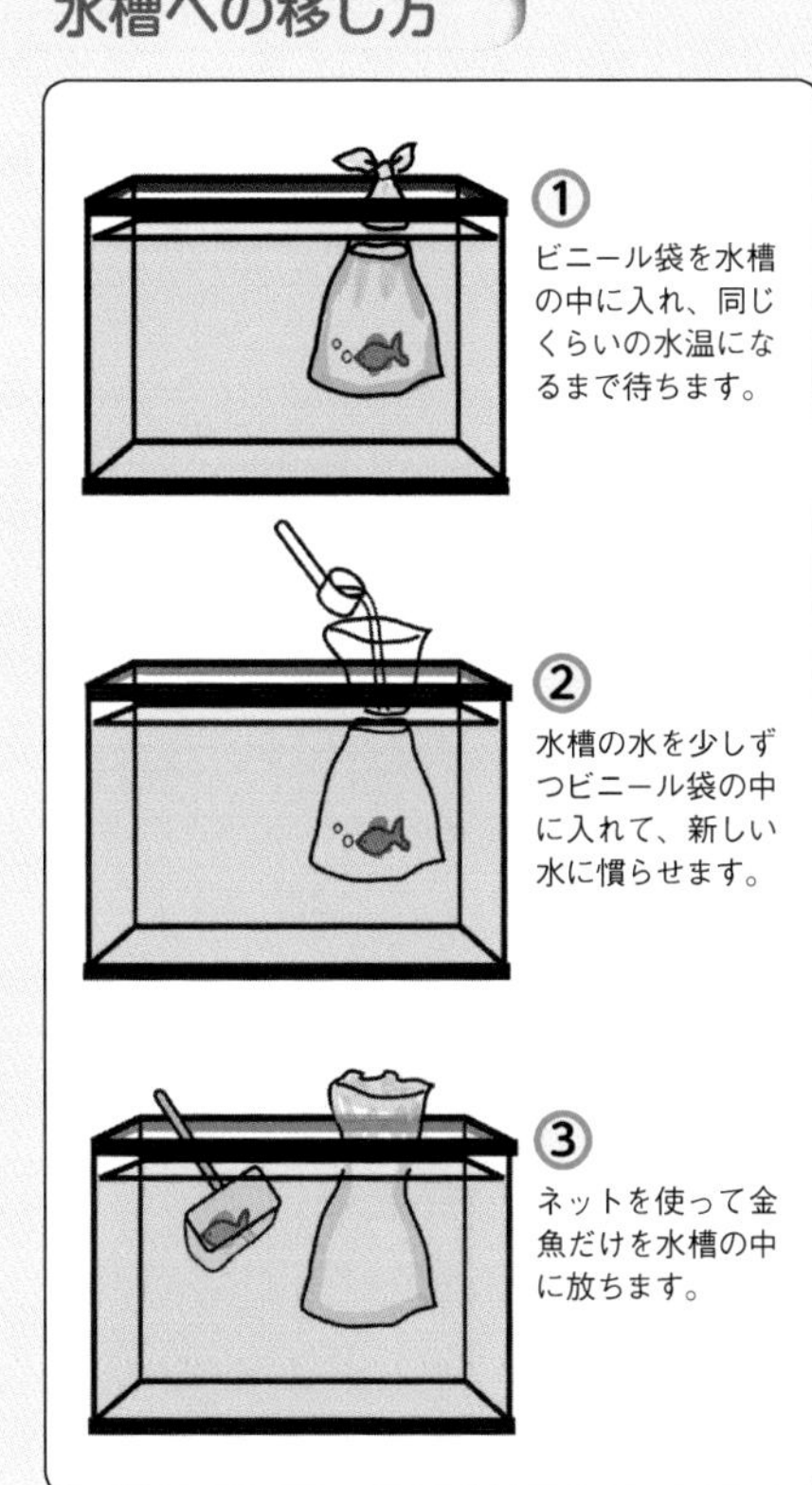

11 金魚同士の相性を知ろう

◆金魚にも性格や個性があって相性がある
◆同じ分類の品種は基本的に相性が良い
◆異なる品種を混ぜるとエサの独占が起こることも

同じ分類の品種を一緒に育てるのが基本です

性格や泳ぎ方は品種によって異なる

せっかく金魚を飼うのなら、たくさんの品種を水槽に入れて楽しみたいという人も多いでしょう。しかし、**金魚は品種によって性格や泳ぎ方が異なり、相性があります**。

大まかな考え方としては、第4章の金魚図鑑で示した「和金型」「琉金型」「ランチュウ型」「オランダ獅子頭型」**という分類が一緒であれば、あまり問題はありません**。

逆にあまり相性が良くないのが、例えば、和金とランチュウです。泳ぎが素早い和金に対し、ランチュウは背ビレを持たないためにのんびりとしていますから、和金にエサを独り占めにされたりすることがあります。大きさがかなり違う場合も、大きい金魚がエサを独占してしまうことがあるので注意しましょう。

また、ランチュウや南京、土佐金などは飼育や管理の方法がほかの品種とは異なります。これらの品種を飼うときは、別の品種と混ぜないようにしましょう。

そのほか、同じ品種の金魚であっても性格や個性はさまざまです。**ケンカをしたり、いじめたりしているようであれば、水槽を分けてあげましょう。**

ここがポイント

同じ分類の品種は相性が比較的良好です

琉金

オランダ獅子頭

和金

出目金

花房

朱文金

こんな組み合わせは避けましょう

出目金

和金

ランチュウ

朱文金

頂天眼

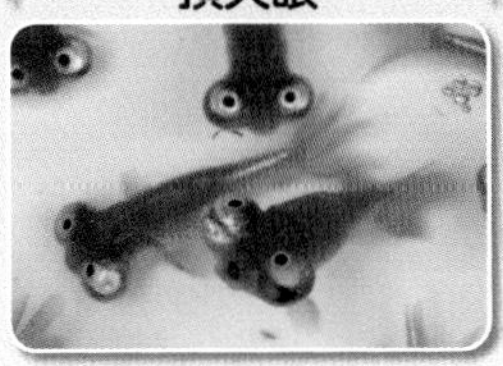

コメット

12 水槽をセットしよう

◆水槽の置き場所が飼育環境を大きく左右する
◆金魚が苦手な場所を知っておこう
◆手順通りに水槽をセッティングしよう

こんな場所を金魚は嫌がる

室内で飼うということは、金魚に人間の生活リズムを強いることにもなります。できるだけ金魚にストレスを感じさせないように水槽の置き場所を考慮しましょう。

そこではメンテナンスのしやすさにも配慮したいところです。次のような場所には水槽を置かないようにします。

不安定な場所

1辺1メートルの水槽に水を入れると、1トンもの荷重がかかることになります。我が家の水槽はそれほど大きくはないといっても、それなりの重量物になります。設置は土台のしっかりしたところを選んでください。専用の水槽台を用意すれば、周辺用具なども整理でき、重宝します。

なかには、直接床に置くケースもあるようですが、生活振動が伝わりやすいのであまりおすすめできません。特に畳やカーペットの場合は、人が近くを歩くたびに水槽が微妙に揺れたりします。金魚だけではなく、水槽や床にもダメージを与えることになります。よくよく検討してください。

直射日光が当たる場所

日中を通して直射日光が当たる場所は、水温が上昇しやすくなり、良くありません。理想的なのは午前中だけ日差しのある場所です。さらに風通しが良ければ言うことはありません。

うるさい場所

出入り口近くなどに置くと、ドアの開閉のたびに大きな音が水槽に伝わります。金魚は音に敏感ですので、できれば避けたい場所です。同様に人の気配が多い場所もあまり良くありません。

電気製品の上や、近く

土台がしっかりしていることからか、オーディオ機器の近くに水槽を設置するケースもよく見かけます。しかし、水と電気の相性は決して良くありません。ショートして故障や火事の原因となりかねません。電気製品の上やすぐ近くには絶対に置かないようにしましょう。

暖房が直接当たる場所

金魚にとっての水温の変化は大きな負担です。暖房のそばに置くと水温が上がりやすく、夜間に暖房の電源をオフにすると急激に低下してしまいます。

電源から遠い場所

ろ過装置やエアレーション、ヒーターなど、電源を要する飼育器具は少なくありません。電源の近くにセッティングしたほうが便利です。

水道から遠い場所

水道からあまり遠い場所は、水換えなどの際に不便です。バケツで水を運ぶのは大変ですし、水槽を移動して水換えをするのは金魚の体に良くありません。かといって、風呂場や洗面所といった湿度の高い場所は、通気性が悪いので避けましょう。

置き場所を決めたら水槽セッティング

水槽セッティングの手順について説明しましょう。

置き場所が決まったら、まず水槽を設置します。その際、**水槽が水平かどうかをよくチェックしてください。**

次に砂利を敷きます。手前を薄めにし、奥を厚めに敷くとき

れいに見えます。さらに砂利の上にアクセサリーなどを配置していきます。

次に、ろ過装置やヒーターなどの飼育器具をセッティングします。このとき、まだ電源は入れないでください。

ひと通り水槽内のレイアウトを終えたら水を注ぎます。水草は、水を半分ほど入れてからセットするときれいに納まります。

水を入れたら、ふたを閉め、ヒーターやエアーポンプなどの電源を入れましょう。

水槽をセットしてもすぐには金魚を入れず、しばらく様子を見ましょう。砂利が汚れているとすぐに水が濁ってしまうことがあります。ろ過フィルターを稼動していると、次第にきれいになってくるはずです。

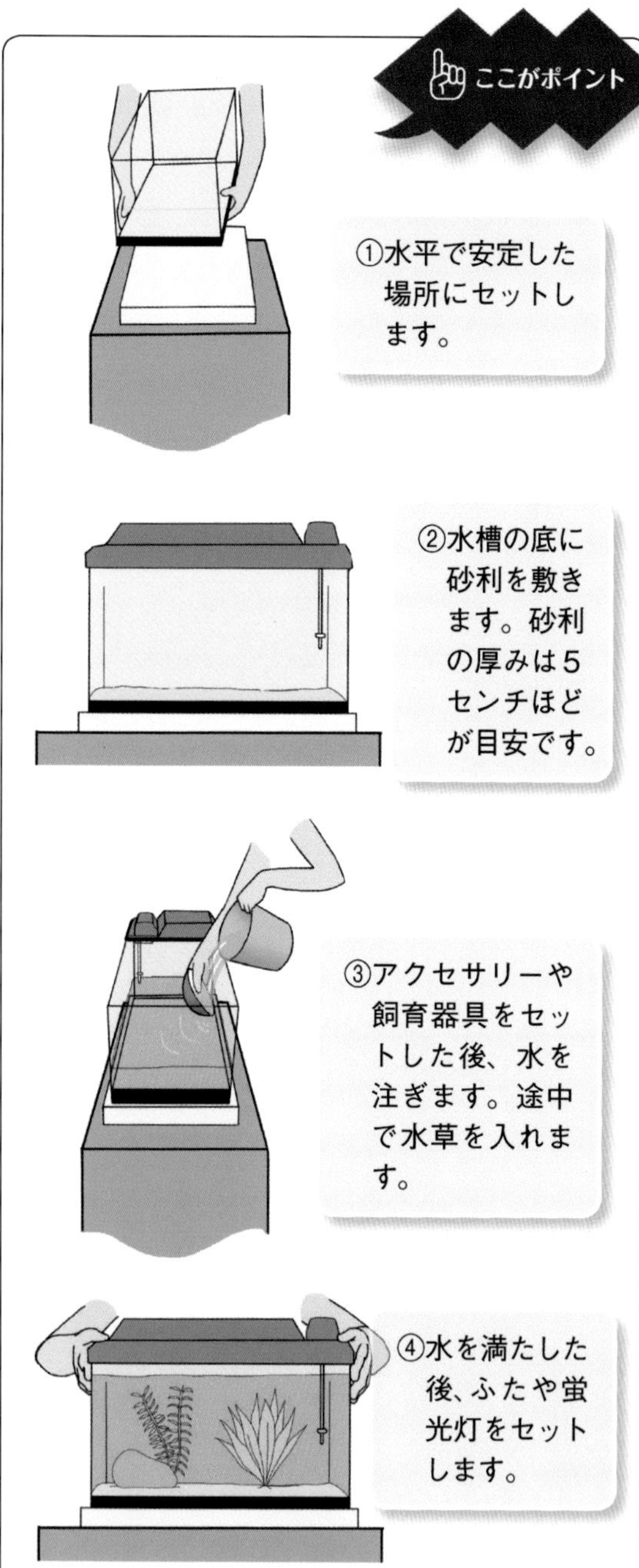

第2章　金魚の世話

13 エサをあげよう

◆与え過ぎに注意。「腹八分目」がちょうどいい
◆一部の金魚にエサが独占されていないか注意する
◆エサやりのときには金魚に異常がないかを観察する

3~5分で食べ切れるエサの量が適切

エサやりは、金魚とのコミュニケーションを感じられる楽しいひとときです。慣れてくると、エサをあげようと近づくだけで金魚が集まるようになり、ますます愛着が湧いてくるものです。そのため、ついエサを与え過ぎてしまいがちになるので注意しましょう。

エサやりは、朝と夕方の1日、2回が適しています。金魚は9~15時くらいに特に活発になるので、この時間内に与えるのが理想です。

金魚がエサを食べる姿は何ともかわいらしいものです

1回のエサの量は、3~5分で食べ切れるくらいが適切です。少なく感じるかもしれませんが、金魚も「腹八分目」が健康に良いことを忘れないでください。家族がそれぞれエサを与え、あげ過ぎになってしまうこともよくあります。できれば、エサやりの係を決めておきましょう。食べ切れなかったエサは水質の悪化につながりますから、5分を過ぎたらネットなどですくい取るようにします。また、エサ

エサをあげる際の注意点

◎エサの量や頻度は適切か
◎すべての金魚に行き渡っているか
◎口の大きさに合ったエサをあげているか

の過多はフンの量を多くすることにもなり、水を汚す要因にもなります。季節によっても食べる量が異なるので調節してください。

大きく育てたいなら こまめにエサを与える

エサやりの際には、**一部の金魚にエサが独占されていないかを注意して観察してください。**泳ぎの得意な金魚や体の大きな金魚ばかりが食べてしまうことになり、小さな金魚には行き渡らなかったりします。こうした場合、別々の水槽で飼うほうがいいのですが、それが難しければ、何か所かに分け与えたり、弱い金魚の近くにエサを落とすなど、工夫してみてください。

エサのあげ方で金魚の成長も左右されます。大きな水槽や池でゆったりと飼って、大きく成長させたいならば、1日4、5回与えてもいいでしょう。逆にコンパクトな体を保ちたいなら、少ない量で1、2回にします。

エサをあげる際には異常がないかもチェックしましょう。

すべての金魚が食べているかをきちんとチェックしましょう

金魚は1～2週間エサを与えなくても大丈夫。長期間留守にする場合などには、オートフィーダーが便利です

プロからのアドバイス

金魚には歯がない?

金魚は、エサを丸飲みしているように見えますが、じつは喉に咽頭歯（いんとうし）というものがあって、そこでかみ砕いています。

また金魚には胃がなく、腸だけで消化します。そのため、たくさん与えると消化不良を起こしやすいので注意しましょう。また「食べだめ」ができませんから、小分けにして与えるほうがよく成長します。

14 エサの種類を知ろう

◆やっぱり金魚は生餌(いきえ)がお好き
◆栄養バランスに優れた人工飼料
◆アカムシやミジンコを乾燥・冷凍させた天然飼料

金魚のタイプと体調によって餌のタイプを選ぶ

本来、**金魚はアカムシやミジンコ、イトミミズといった生餌(いきえ)を好み**、愛好家には生餌にこだわる人も少なくありません。たしかに栄養価も高く、金魚に喜ばれるのですから、これに越したことはありませんが、入手や保存が容易ではありません。なかにはアカムシなどの天然飼料を乾燥や冷凍させたものも市販されていますが、人工飼料にも優れものがたくさんあるのでいろいろと試してみましょう。

人工飼料の中で最もポピュラーなのが粒状のペレットタイプです。このタイプには、水に浮くものと沈むものがあります。前者は食べやすく、また食べ残しを取り除きやすいというメリットがあります。一方、あまり泳ぎが得意ではないランチュウなどには後者をあげるといいでしょう。

フレーク状のタイプは、最初は水に浮き、しだいに軟らかくなって沈んでいきます。エサの匂いが広がりやすいために金魚の食欲をそそるほか、消化が良いという利点もあります。また、小さな金魚や稚魚に適した粉末タイプのエサもあります。

人工飼料はいずれのタイプも栄養バランスが取れているため安心して与えられます。また、金魚の体色を鮮やかにする効果のエサもあります。

ペレットタイプは水に浮き、金魚も食べやすいです

人工飼料

人工的につくられた金魚用の飼料です

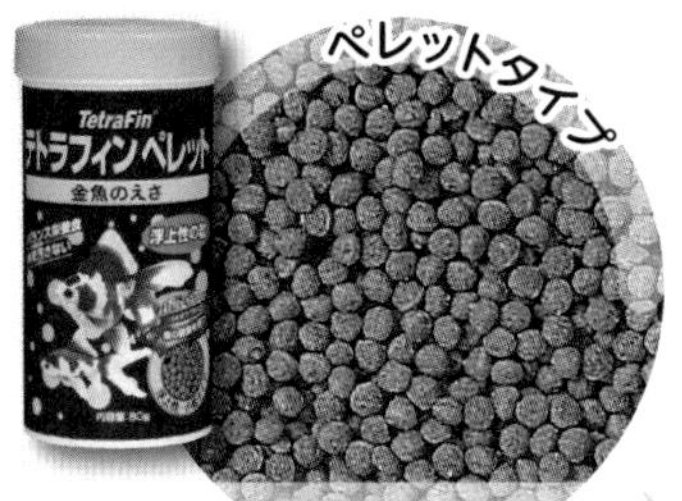

水に浮くタイプは、食べやすいうえに掃除もしやすく、初心者にも向いています。水に沈むタイプもあります。

しばらく水面に浮かんでから、徐々に沈んでいきます。匂いが広がり、金魚が寄り集まってきます。

細かい粒になっているので、小さな金魚や稚魚、メダカなどに向いています。

天然飼料

天然飼料を乾燥させたタイプ。冷凍ものもあります

アカムシを乾燥させたもの。ほかに、イトミミズやミジンコなどの乾燥させた飼料もあります。

15 飼育環境を見直そう

◆日頃から飼育環境に気を配り、病気や事故を防ごう
◆水質や水温は金魚の体調に直結するのでご注意
◆小さな異変を見逃さないように毎日の観察を習慣づけよう

病気や事故を見逃さないよう、しっかり観察

飼育環境に問題はなさそうなのに、金魚が弱ってしまうことがあります。そのような場合は、何らかの見落としがあるものです。**日頃から飼育環境をチェックし、思いがけない病気や事故を未然に防ぐようにしましょう。**

例えば、食べ切れなかったエサをちょっと放置してしまっただけで金魚が弱ってしまうこともあります。見た目に水質には問題なさそうでも、水槽の底に沈殿したエサから有毒ガスが発生したりするからです。エサの量を見極め、食べ残しがないようにすることも大切です。

ただし、**エサが少な過ぎたり、一部の金魚に独占されていたりすると、衰弱してしまう金魚もいます。**泳ぎの苦手な金魚や小さな金魚にも、ちゃんとエサが行き渡っているかなどを、よくチェックしましょう。

言うまでもなく、汚れた水は速やかに換える、金魚の数を増やし過ぎないなど、金魚に優しい管理は飼い主の責任です。また、水温やその変化も、金魚の体調に直結するものです。**とくに水換え時には、急激に水温が変化する危険性が伴っています。**それが元で体調を崩したり、衰弱したり、病気にかかったりすることもありますから、手順に沿って注意深く行ってください。

日頃の観察が思いがけない病気や事故を防ぎます

病気や事故につながる主な要因

状態	状況	原因
窒息	酸素の欠乏	金魚の数が多過ぎる。酸素供給が不足している。エサの多過ぎによって水質が悪化している
中毒	亜硝酸や胴イオンなどの濃度過多、塩素中毒	塩素が十分に抜けていない
栄養障害	ビタミンやミネラルの欠乏、内臓障害発生	栄養バランスが悪い。エサの与え過ぎによって消化不良を起こしている
共食い	飢餓	魚体の差が大き過ぎる
衰弱	体力消耗、老衰	水槽を移す際の負担が大きい。水温が急変した。寿命を迎えた
凍結	凍死	異常な寒さへの対策の不備。水深が不足している
薬害	薬剤中毒など	薬剤の分量が多過ぎる。用法を間違っている
寄生虫	白点病、イカリムシなど	水質悪化などによって病原の発生環境が整っている。外部から持ち込まれる
外敵	鳥類、ネコ、水生生物など	ふたを閉め忘れている。防御ネットなどに不備がある
災害	容器の損傷	飼育設備が破損している。飛び出しへの対策ができていない

16 酸素不足に気をつけよう

◆エアレーションは必須と考えよう
◆夏場は酸欠に陥りやすいために要注意
◆「鼻上げ」は危険を知らせるサイン

液体タイプの酸素補給剤。エアレーションには及びませんが、酸素を補給できます

酸素不足は金魚の突然死を招く

金魚が突然死する要因としてとても多いのが、水中の酸素欠乏です。酸素量は目に見えず、水温のように水に触れてもわかりません。それだけに見落としがちになりますが、金魚にとってはまさに死活問題ですから、常に酸素が足りているかを意識して管理してください。

水中の酸素を常時保つためにはエアレーションが欠かせません。とりわけ、小型水槽や、大きい水槽でも飼育数が多いと酸素は不足になりがちですから必須と考えたほうがいいでしょう。昔ながらの丸い金魚鉢も、水量が少ないため酸素不足になりがちですから気をつけましょう。

特に気をつけなければならないのが夏場です。金魚は水温が10℃上がると、呼吸数が2倍に

酸欠を招きやすい環境

◎エアレーションを設置していない
◎小型の水槽
◎飼育数が多い
◎水温が高い

増えるといわれています。一方で酸素は水温が高くなるほど、水に溶ける量は少なくなります。つまり、**酸素の消費量が増え、供給量が減るため、酸欠を招きやすいことになります。**

酸素が欠乏すると、金魚は水面に口を出してパクパクとする「鼻上げ」を繰り返すようになります。このような状態が見られたら、危険信号ととらえてください。エアレーションで水の流れを作ると、ろ過器具が効率的に働くというメリットもあります。

素早く酸素を補給する酸素補給剤なども市販されています。緊急の対策として、こうしたグッズを備えておくと安心です。

水槽やエアーポンプ、ろ過装置などがコンパクトにまとまった飼育セットも販売されています（テトラ スマート金魚飼育セット SP-17GF）

エアレーションは一年を通して必要です。十分なエアレーションで金魚が過ごしやすい環境を整えましょう

17 水草を入れよう

◆水草の緑は金魚の赤色を鮮やかに演出する
◆水草は光合成を行って水中に酸素を供給する
◆水草にも欠かせない、こまめなケア

水草によって金魚の赤色がいっそう引き立ちます

エサ不足のときは金魚の食料にも

水草の美しい緑は、金魚の赤色をより華やかに演出する効果があります。もっとも、水草の役割は見た目だけではありません。金魚は水中の酸素を吸い、炭酸ガスを出しています。水草は炭酸ガスを吸収し、**太陽光や蛍光灯の光を当てることによって光合成を行って、水中に酸素を供給するという大切な役割があります**。もちろん、水草だけでは十分な酸素を供給できませんが、金魚にとってプラスの働きがあるのはたしかです。

また、金魚は雑食性なので水草も食べます。**エサが不足しているときなどには、食料にもなる**などメリットは少なくありませんから、なるべく水草を入れてあげましょう。

こまめにカットして金魚が泳ぐスペースを確保

水草も生き物ですから、管理が不可欠です。入れっ放しにしておけば、どんどん成長して飼育環境を悪化させるおそれがあります。もちろん、枯れてしまった水草も環境を悪化させます。また夜間や暗い場所では、光合成が行われないために酸素は供給されず、逆に酸素を吸収してしまうということも知っておいてください。

水草を入れるときは、傷んだ葉や根をカットし、ピンセットを使って砂利に植えるようにします。根っこがある水草は、砂を掘って差し込んでから埋め戻しましょう。流木などの固定物に糸で巻きつける方法もあります。

水草は成長しますので、こまめにカットしてください。特に水面に届いてしまうと、光を遮って水槽内が暗くなってしまいます。また、あまり伸びていると、金魚が泳ぐうえで邪魔にもなります。

水草を入れることでレイアウトもより楽しくなるでしょう。金魚と水草を共生させて、よりよい飼育環境をつくってください。

ここがポイント

ピンセットを使って砂に植えます。浮かないようにしっかりと入れましょう。

根っこがある場合は、穴を掘って水草の根と葉のつけ根を埋めて固定してください。

流木に植えつけると、自然と根づきます。レイアウト的にも美しくなります。

18 水草の種類を知ろう

◆水草の種類と特性を知ろう
◆暗い場所の場合は人工水草を入れるという方法も
◆水草はよく洗ってから水槽に入れる

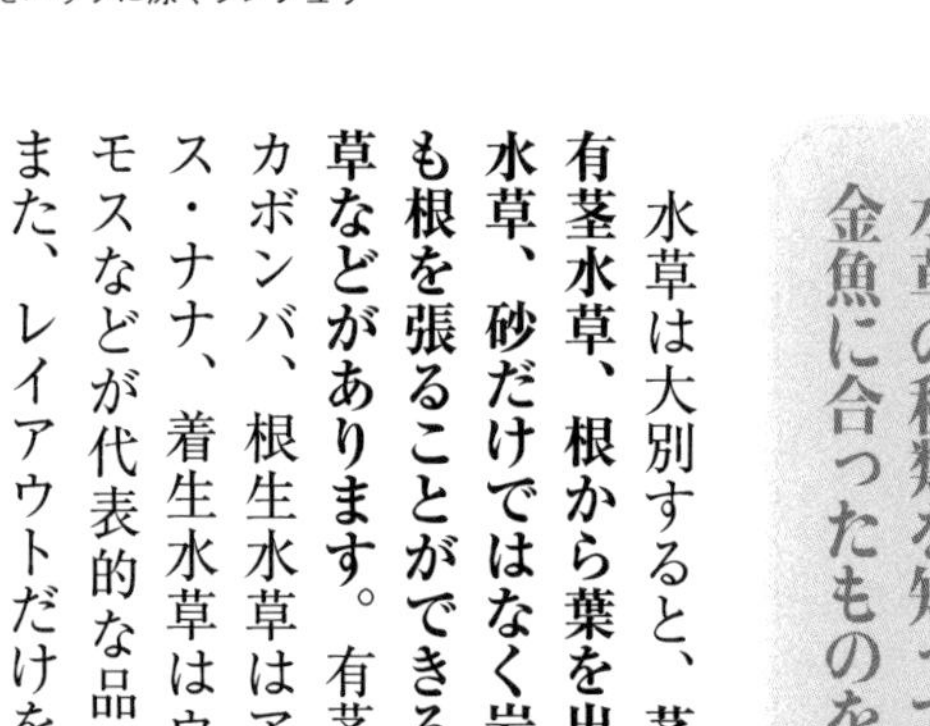
水草をバックに泳ぐランチュウ

水草の種類を知って金魚に合ったものを選ぶ

水草は大別すると、**茎を持つ有茎水草、根から葉を出す根生水草、砂だけではなく岩や木にも根を張ることができる着生水草などがあります。**有茎水草はカボンバ、根生水草はアヌビアス・ナナ、着生水草はウィローモスなどが代表的な品種です。

また、レイアウトだけを考えるのであれば、管理のしやすい人工水草を入れるという手もあります。常時、**水槽を暗い場所に置く場合、水草は酸素を吸収して酸素不足になることがあるので、人工水草のほうがいいかも**しれません。

水草を水槽に入れる前に、束ねをほどいて1本ずつ水で丁寧に洗います。それを終えてから0・5％程度の食塩水に浸けると、寄生虫や病原菌を除去できます。できれば塩素を中和した水に1週間くらい浸け置くと、病原菌を持ち込むのをいっそう防げます。

水草を入れると金魚が生き生きします

主な水草

アナカリス

手に入りやすいポピュラーな品種。よく伸びるので、こまめにカットしましょう。

カボンバ

細く細かい葉が特徴。縦方向によく生長します。ポピュラーで手に入れやすい品種です。

アヌビアス・ナナ

葉が固いため、金魚があまり食べず、水が汚れにくいのが長所です。丈夫で枯れにくいという良さもあります。

ホテイ草

水面に浮くタイプの水草です。光に当たると増えていくため、時折、取り除くようにしましょう。

カボンバの花。水槽をいっそう美しく引き立たせます。

ホテイ草は、淡い紫の美しい花を咲かせます。

19 水を換えよう

◆水質を維持するためには、月1、2回の部分水換えが目安
◆ポンプがあると部分水換えが簡単にできる
◆水槽の汚れが目立つ場合は、金魚を別容器に移し替えて掃除を

定期的な部分水換えで過ごしやすい環境を保つ

水槽にろ過フィルターをつけることで、ある程度、水質が維持されます。**水換え作業は、ろ過フィルターがついている場合は、月1、2回の部分水換えを目安としましょう。**

すべてを一度に換えてしまうと、金魚の体に負担がかかることに加え、砂利などに生息するバクテリアも捨ててしまうことになります。

部分水換えは、ポンプがあると簡単です。**ポンプで1／3〜1／2の水を排水して、新しい水を入れるだけです。**新しい水は、中和剤で塩素を取り除くとともに、水槽の水の温度と合わせておきましょう。

水槽の汚れが目立つ場合は、金魚をバケツなどの別容器に移すといいでしょう。水槽内の水を半分ほど、金魚とともにバケツなどに移します。そして掃除してから汚れた水を排水し、バケツの水と金魚を水槽に戻して、水を足します。このとき、水換え用のポンプがあると便利です。

水換えのタイミングは、水槽の大きさや金魚の数などにも関係します。日頃から水質の変化を観察して、金魚が過ごしやすい環境を維持しましょう。

水換えのサイン

◎水が白く濁っている
◎水槽から異臭がする
◎金魚が水面で口をパクパクさせている
◎エアレーションの泡が消えにくい

水だけを換える場合

ポンプで排水し、あらかじめ用意した水を入れます。水温の変化には注意します。

金魚を別容器に移す場合

①水槽の水 1/2 ～ 1/3 と一緒にバケツなどの別容器に金魚を移してください。この際、金魚を傷つけないようにしましょう。

②水槽に付着したコケなどを掃除したら、残りの水を排水します。

③水槽に新しい水を入れ、バケツの水と一緒に金魚を水槽に移します。

20 水槽を掃除しよう

◆半年に1回は大掃除をしよう
◆金魚に負担をかけない掃除テクニックを身につけよう
◆水をきれいにするバクテリアを洗い流さないようにしよう

大掃除で衛生状態や見栄えを良くする

金魚の住みやすい環境を維持するためには大掃除も必要です。**半年にいっぺんが目安ですが、小型の水槽、あるいは金魚の数が多い場合には、3～4か月に1度は行いたいところです。**これで水槽の見栄えも驚くほど良くなります。

大掃除にはいくつかのポイントがあります。何度も金魚を移動させることになりますから、ただでさえ金魚には大きな負担となります。**金魚を傷つけない、水温を変化させないなど、デリケートに作業を進めてください。**

大掃除を始める前には、すべての電気器具のプラグを抜きます。そして金魚を飼育水ごとバケツなどに移動します。

次にすべての水を抜いて、水槽のコケや汚れを

プロからのアドバイス

バクテリアを守ろう

砂利などに付着しているヌルヌルとした物質の正体はバクテリアです。汚れと思われがちですが、このバクテリアが汚水を分解して透明な水を維持する働きをしています。下水処理場でも、バクテリアを繁殖させて下水を処理しています。すべてを除去しないようにしましょう。

砂利にはフンやエサの残りが混じっていますが、バクテリアを守るためにはゴシゴシとこすらずにサッと水洗いするくらいに留めましょう。また、ろ過器具にも繁殖していますから、ろ過器具は大掃除とは別の日に洗うようにすれば、水槽にバクテリアを流し込めます。

バクテリアは1週間～1か月と多少時間はかかりますが、再び繁殖します。必要以上に神経質になることはありません。

取り除くとともに、砂利などを水洗いします。**汚れがひどいと洗剤で洗いたくもなりますが、残留すると金魚に有害ですので絶対に使わないようにしましょう。**

コケは金魚にとって有害ではありませんから、必ずしも隅々まで除去する必要はありませんが、見た目を考慮して取り除いてください。

掃除を終えたら、塩素を抜いた水を水槽に入れ、電気機器の電源をオンにして数十分経ってから金魚を移します。飼育水はくみ置きしたものを水槽のある部屋で管理しておけば、水温が同じくらいになります。

大掃除の手順

1 金魚を別容器に移します

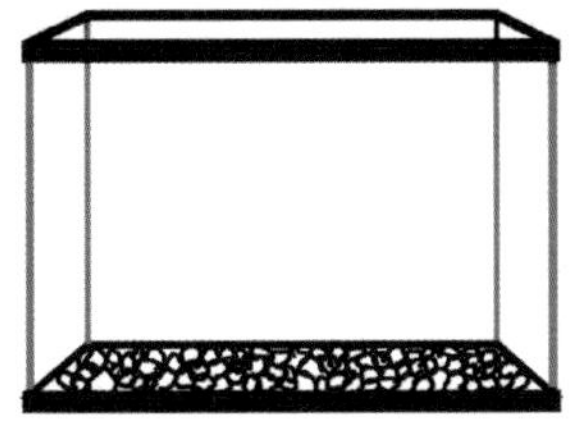

金魚を傷つけないように移動させます。同時に、水草やヒーターなども水槽から出しましょう。

2 水槽や砂利を洗います

水槽や砂利、ヒーターなどの飼育用品を水洗いします。ヌルヌルとした物質はバクテリアですので、すべてを落とさないように手加減して洗いましょう。

3 新しい飼育水に金魚を移します

塩素を抜いた水を入れ、元通りにセッティングしてから、金魚を水槽に戻します。

21 季節に合った世話をしよう

◆金魚は日本の季節の変化に順応した生き物
◆快適で元気に過ごさせるため季節に応じた世話をしよう
◆春と秋は、病気になりやすいので注意が必要

適切な水温を保つことが最大のポイント

春 過ごしやすいが病気にかかりやすい時期

金魚は水温が15℃くらいになると、活発になって食欲も出ます。この時期、水温が10℃以下に下がらなくなれば、ヒーターを外してもいいでしょう。

春は金魚にとっては過ごしやすい季節です。しかし、春先は冬の寒さで体力があまりありません。突然、エサの量を増やすと体調を崩す要因になるため、初めは朝だけエサを与えて様子を見ましょう。目に見えて動きが良くなったら、夕方も与えるようにします。また、水槽の大掃除は、体力が回復する晩春まで待つようにしましょう。

春は金魚にとってもウキウキする季節でもありますが、病気にかかりやすいシーズンでもあることを覚えておいてください。体調悪化は早期発見・治療が何より大切です。

夏 暑さと水の汚れへの対策がポイント

夏は暑さ対策が中心となります。**直射日光が当たる場所は避け、水温が上がり過ぎないようにしましょう。**水温が高まると水中の酸素が減り、水質の悪化も早まってしまいます。また、マンションなどは気密性が高く、

室内飼育の場合も、直射日光には気をつけてください

冷房をつけなければ昼間の気温が40℃近くに上がることがあります。金魚は水温が35℃でも生きられますが、適温は28℃くらいです。室温の調整に気を配ってください。ただし、急激な水温の変化は金魚にとって大きなストレスになりますから、まめに水温を確認するようにしましょう。

また、**この時期は食欲が旺盛で、フンの量も多いので汚れに気をつけましょう。**

秋　最も過ごしやすい時期 冬の到来に備えよう

夏の暑さが去り、金魚にとっては一年で最も過ごしやすい季節です。しかし、**白点病などの寄生虫による病気が発生しやすい時期**でもありますので、気をつけてください。

この時期は、冬に備えることがポイントです。寒くなってから大掃除をすると体調を崩すおそれがあるため、この時期に水槽をきれいにしておきましょう。

また冬に備え、エサをやや多めに与えるようにします。水温が10℃を下回るようになったら、ヒーターを入れるといいでしょう。

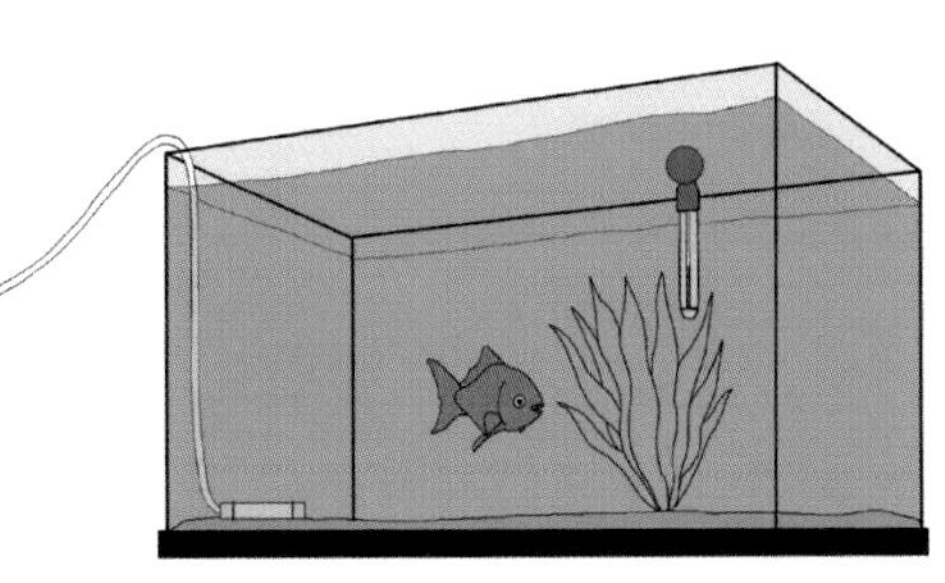

ヒーターを入れれば、冬でも元気に動き回ります

冬　一定の水温に保つためにヒーターの使用がおすすめ

ヒーターを使わない場合、水温が8℃を下回るとエサを食べず、水底でじっとしているようになります。これは**体調が悪化したわけではなく、冬眠モードになっているだけですので心配はいりません。**

室内で飼う場合、暖房のオン・オフによって室温の変化が激しいと金魚に負担がかかりますが、ヒーターを使えば一定の水温を保てます。

ただし、春に繁殖をさせたい場合は、寒さを体感させる必要があるため（P60）、一時期、ヒーターを外すようにしましょう。

22 便利なグッズをそろえよう

◆飼育環境に合わせ、使いやすいグッズをそろえよう
◆専門店に便利グッズを探しに行こう
◆飼い主には便利&金魚には快適グッズ

飼育を助けてくれる便利なアイテム

専門店や熱帯魚ショップなどに行くと、飼育をより快適にするさまざまなグッズが並び、それを見て歩くだけでも楽しくなるものです。必要な飼育用品についてはP20で説明しましたが、ここでは持っていると、金魚が快適になるグッズと、飼育が便利になるグッズを紹介しましょう。

バケツ・たらい

くみ置きや水換えのときに便利なほか、金魚を隔離するときにも使えます。砂利や飼育用品の洗浄時にもあると便利です。バケツだけで事足りるかもしれませんが、水深の浅いたらいは、一時的な飼育槽として活躍します。できるだけ容量の大きなたらいを用意しましょう。

水換え用ポンプ

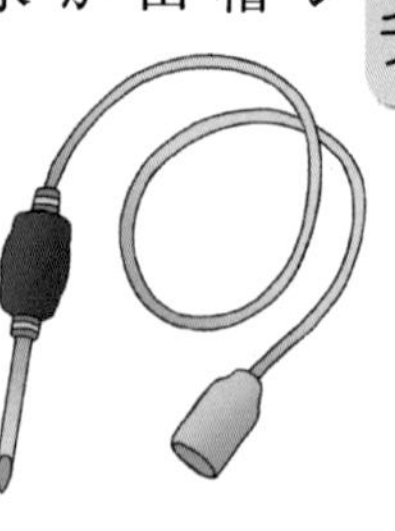

サイフォンによって水槽の水を排出するポンプがあると、水換えがとても楽になります。特に、水の一部を入れ替える作業では、あるとないとでは労力が大違いです。水だけではなく、ゴミも一緒に取り除いてくれるのが、このグッズのミソです。

サーモスタット

繁殖時や薬浴、季節の変わり目など、一定の温度を保ちたい場合に必要です。

サーモスタットを内蔵したヒーターもあります。水温固定式のサーモスタットよりも、温調調節ができるもののほうが用途に合わせて使えて便利です。

パイプ用ブラシ

ろ過装置のパイプの中をきれいにするのはとても大変で、一番イライラ感を募らせる作業といってもいいでしょう。そういった意味では、ぜひともの一品です。

歯ブラシ

水槽の隅っこなど、細かいところをきれいにするのに使います。使い古しの歯ブラシでも問題ありません。

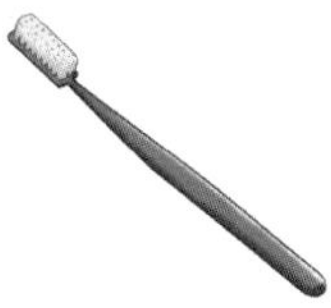

バックスクリーン

バックスクリーンを設置すると、金魚や水草の色が映え、水槽内がより美しくなります。さらに、金魚が落ち着く効果もあります。

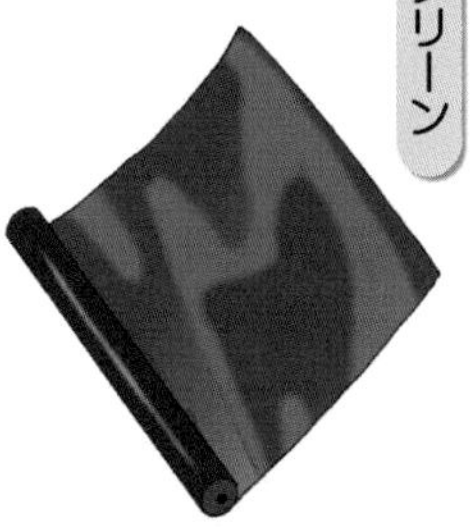

スポイト

細かいゴミやフンを吸い取るなどの使い方があります。稚魚にブラインシュリンプを与えるときにもスポイトを使いましょう。

水槽ふた

水の蒸発を防ぐとともに保温効果もあります。夏場は水温が上がり過ぎないように、時折、ふたを外しましょう。

亜硝酸測定試験紙

有害な亜硝酸の濃度を簡単に測定できます。水質の状態をチェックするのに便利です。

クールファン

夏場に水温が上昇し過ぎるのを防ぐファンです。室内の温度が高くなる部屋の場合は、取り付けておくと安心です。

バクテリア繁殖促進剤

水をすべて入れ替えてバクテリアが少なくなると、金魚にとっては「きれい過ぎる水」となって過ごしにくくなります。そのような水は刺激が強く、体調悪化の要因にもなりかねません。大掃除の後などにバクテリアが少なくなったとき、バクテリア繁殖促進剤を入れると繁殖のサイクルが早まります。

23 レイアウトを楽しもう

◆水槽内を美しくレイアウトしよう
◆砂利は、水槽全体の印象を大きく左右する
◆部屋の雰囲気に合わせてレイアウトするのも楽しい

造花を入れると華やかな印象になります

水草や砂利で美しくレイアウト

水槽内を美しくレイアウトすれば、素敵なインテリアとしても楽しめます。そんなことを意識すれば、金魚の色だけでなく水草選びも楽しくなります。なかには、水槽の中をグンと華やかにしてくれる水草もありますし、ファンタスティックな世界を演出してくれるものもあります。

砂利も見た目を左右する大きなポイントです。最もポピュラーなのが、黒っぽい粒々の大磯砂です。汚れが目立たず、金魚や水草の色が映えるのが利点です。また**砂利を暗めの色にすると、水槽全体がしまって見えるのも好まれる理由です。**

五色砂はカラフル、白砂利は名前通り白い粒です。どちらも

人工のコケがついた岩で水槽内を演出

敷き詰めると明るい印象を与えますが、汚れが目立つのでこまめな掃除が必要になるのが難点といえます。

ほかにも、流木や岩、欄干など、水槽内を彩るさまざまなアクセサリーが販売されています。これらは**ディスプレイを美しくするだけではなく、金魚が隠れたりして落ち着くスペースにもなります**。

金魚鉢も雰囲気があります

流木や岩など、自然ものは寄生虫などが付着しているおそれがありますので、できればお店で買うほうがよいでしょう。また、金魚の体が傷つくことがありますので、とがったものなどは避けたいところです。

配置に気をつけて立体感を演出

レイアウトを考える際は、**手前に背の低いもの、奥に背の高いものを配置すると立体感が出て、奥行きの感じられる空間になります**。また、アクセサリーは置き過ぎず、金魚が泳ぐスペースを十分に確保しましょう。

水槽の置き場所といえば玄関が定番でしたが、部屋の雰囲気に合わせて、水槽内をレイアウトするのも楽しみの一つです。水槽内を飾るだけではなく、横に観葉植物などを置いて水槽全体をインテリアとして考えると、レイアウトがより楽しくなります。

水槽全体をイメージしてアクセサリーを用意しましょう

24 屋外で飼ってみよう

◆庭やベランダで屋外飼育にチャレンジ
◆大きく成長して体色が良くなる屋外飼育
◆水温の変化など屋外ならではの注意点も

簡単に屋外飼育ができるトロ舟と呼ばれる容器

屋外の広いスペースで伸び伸びと育てる

室内飼育は水温などの管理がしやすい反面、水槽の大きさが限られるといった欠点もあります。たくさんの金魚を飼いたいという人は、庭やベランダの一角を利用しての屋外飼育を検討してみてはいかがでしょうか。

屋外飼育の良さは、何といっても伸び伸びとした環境で金魚を育てられることです。広いスペースで育てれば金魚は大きく成長しますし、太陽光を浴びると体色もいっそう鮮やかになります。ただし、**直射日光が当たり過ぎると水温が変化しやすいなど、金魚たちが自然と直結した環境にある**ということも忘れてはなりません。

手軽に屋外飼育ができる「トロ舟」がおすすめ

屋外飼育にはさまざまな方法があります。庭があって本格的に飼いたいという人は、池づくりにチャレンジしてはいかがでしょうか。池は昔ながらのコンクリート製のほか、さまざまな形状のプラスチック製のものも販売されています。池はいったんつくると動かせないため、設置場所は十分に検討してください。**日が当たり風通しがあって水の便も良く、雨水が入りにくい場所が理想です。**

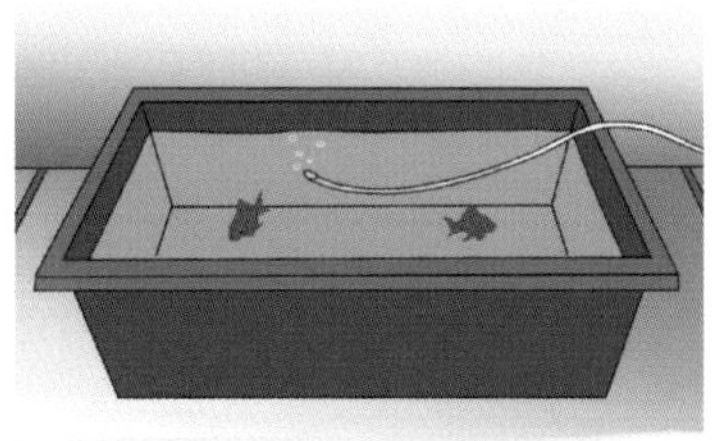

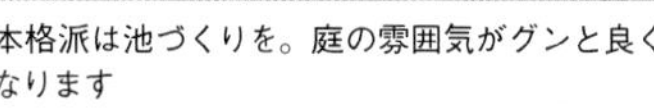

本格派は池づくりを。庭の雰囲気がグンと良くなります

トロ舟はベランダに置けるため、マンションなどでも屋外飼育ができます

もっと手軽にという人には、トロ舟と呼ばれるプラスチックケースがおすすめです。小さめのものから畳1枚ほどの大きさまでサイズはさまざまですから、ベランダの空いたスペースで利用することもできます。

午前中のみ日が当たる場所が理想的

最も注意したいのが水温の変化です。日当たりがあまりに良過ぎると、水温が変わりやすくなるという欠点を抱えることになります。また、太陽光によって水中に植物プランクトンであるアオコが発生することがあります。アオコは、エサになるなど金魚にとって良いものですが、あまり日当たりが良いと異常発

プロからのアドバイス

アオコと共生

屋外で飼育していると、水が次第に緑色になってきます。これは汚れではなく、アオコが繁殖した状態です。アオコを食べると、体色の発色効果があるなど金魚にとっては良いものです。それでも、ものには限度というのがあります。増え過ぎは体に良くありません。水深20センチほどで底が見えなくなったら水換えの時期です。このとき、一度にすべてを入れ換えてはせっかくのアオコがもったいないことになります。くみ置きしたものと半々など、そのときどきの水質状況で水換えしてください。

生の原因となります。

設置場所として最適なのは、午前中だけ太陽光が当たる場所です。午後から直射日光が差したり、西日が当たる場所は良くありません。

午前中だけとはいえ、夏は水温が上がり過ぎることがありますから、すだれなどで日陰をつくるような工夫をしてください。また春や秋の午後も、日差しが強くなることがあるので気をつけましょう。

屋外飼育の場合は水の量が多いため、酸素量に神経質になる必要はありませんが、**エアレーションを設置しておくと、夏場の酸欠に加え、水を動かすことで冬の凍結を防ぐ役割も果たします。**できればそろえておきたい一品です。

ろ過装置は必要ありませんが、水を清潔に保つためにこまめな水換えは必要です。トロ舟や池の横に、くみ置きのバケツを置いておけば、水温が変わらない水でいつでも水換えができるので便利です。

さまざまな外敵から金魚を守るのは飼い主の責任です

第3章　繁殖と健康管理

25 繁殖について知ろう

◆金魚の繁殖はコツがわかれば初心者でもできる
◆繁殖させるには屋外飼育のほうが向いている
◆水温が20℃前後になったら産卵シーズン

飼っている金魚が産卵し、それが孵化して稚魚となり、成魚へと成長していく過程はとてもいとおしいものです。水槽のスペースに余裕があれば、ぜひ繁殖にチャレンジしてみましょう。

金魚は、冬から春への水温や日照時間の変化を感じ取って繁殖期に入ります。そのため、**本来は屋外飼育のほうが繁殖には適している**ことになります。暖房の効いた**室内で飼育している場合は、ヒーターを使わずに5～10℃前後の水温で7週間程度**

室内飼育は意図的に冬の環境をつくる

金魚は専門家の手によって、品種を改良させるための交配が熱心に続けられています。それだけに繁殖も難しいと思われがちですが、複数の金魚を飼っていれば、自然に卵を産んで繁殖することだって珍しくはありません。もちろん、**コツさえわかれば計画的な繁殖が楽しめます。**

過ごさせて意図的に冬の環境をつくる必要があります。

子どもをイメージして親魚を選ぼう

せっかく繁殖させるのであれば、新たに生まれる金魚の体型や体色にもこだわりたいものです。そこで、自分好みの親魚のペアを選びましょう。オスとメスの見分け方は、P12を参照してください。生まれて初めて冬を越す「明け2歳」といわれる金魚から繁殖が可能ですが、一般に**オスは2～4歳、メスは3～5歳が繁殖に適しているといわれています。**

ただ、親魚を選んでも、どのような金魚が生まれてくるかはわかりません。産まれてからのお楽しみということになります。

親魚を用意し、**水温が15℃くらいになったら、産卵期に入るまでの一時期、オスとメスを別々の水槽に入れて交わらないようにします。**コントロールするためです。これは産卵の時期を3～6月頃になって水温が20℃に近づいてきたら、いよいよ産卵シーズンに入ります。

よい親魚のペアを選んで元気な金魚を生み出しましょう

ここがポイント

産卵期前にはオス・メスを分けよう

水温が15℃程度になったら、オスとメスを別々の水槽に入れます。

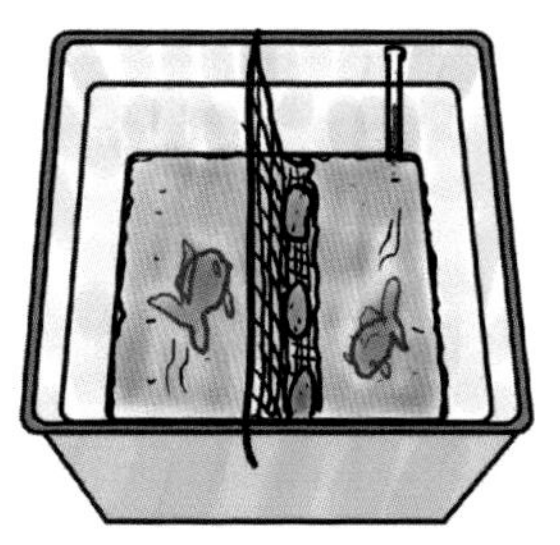

同じ水槽で、網などを使って分けてもOKです。

26 産卵までの流れを知ろう

◆水温が20℃程度になったら親魚を一緒にする
◆孵化用水槽には、水草などの魚巣（ぎょそう）を入れる
◆うまくいけば一晩で産卵する

産卵用水槽を用意し いよいよ親魚を一緒に

産卵シーズン前にオスとメスを別々に飼育していると、**オスはエラぶたの周辺に追星（おいぼし）が出て、メスは卵が成熟しておなかがふっくらとしてきます。**水温が20℃程度になったら、2匹の金魚が泳ぎ回れるくらいの産卵用水槽を用意しましょう。飼育用水槽と同じ水温の水を入れ、魚巣として水草を入れます。荷造りに用いるビニールひもを割いて束ねたものも魚巣となります。ろ過装置は、卵や稚魚を吸い込んでしまうため使用しないでください。

用意ができたら、オスとメスを産卵用水槽に入れてください。受精の確率を高めるために、メス1匹、オス2匹でも構いません。

オスとメスを一緒にすると、オスがメスを追いかけ回します。その姿が見られたら産卵間近です。

金魚の産卵数は 1回につき5000個！

産卵までは早く、夕方にオスとメスを一緒にして、うまくいけば翌朝までには産卵をします。

プロからのアドバイス

自然に産卵したら

複数の金魚を飼っていると、特に何もしなくても産卵をすることがあります。春になって水が急に白く濁ったときは精子が放出された可能性が高いので、水草などをチェックしてください。もし小さな卵がたくさんついていたら、別の水槽に移して孵化させましょう。

メスが魚巣に体をこすりつけるようにして産卵し、そこにオスが射精します。金魚の産卵数は非常に多く、1回につき5000個ほどです。卵は1ミリほどで、白濁した卵は無精卵なので孵化(ふか)しません。

2日経っても産卵しない場合は、オスとメスを別々にして、数日後に再びトライしてみましょう。

産卵したら、親魚が卵を食べてしまうため、魚巣を孵化用水槽に移しましょう。また産卵後は水が精子で濁るため、親魚を別の水槽に移します。どちらも体力を消耗しているため、オスとメスを別々にして、0・5%の食塩水で、1週間ほどゆっくりと休ませてください。

水温が20℃程度であれば、数日後には卵に黒い点のような目が現れて、5日ほどで孵化します。

ここがポイント

産卵までの流れ

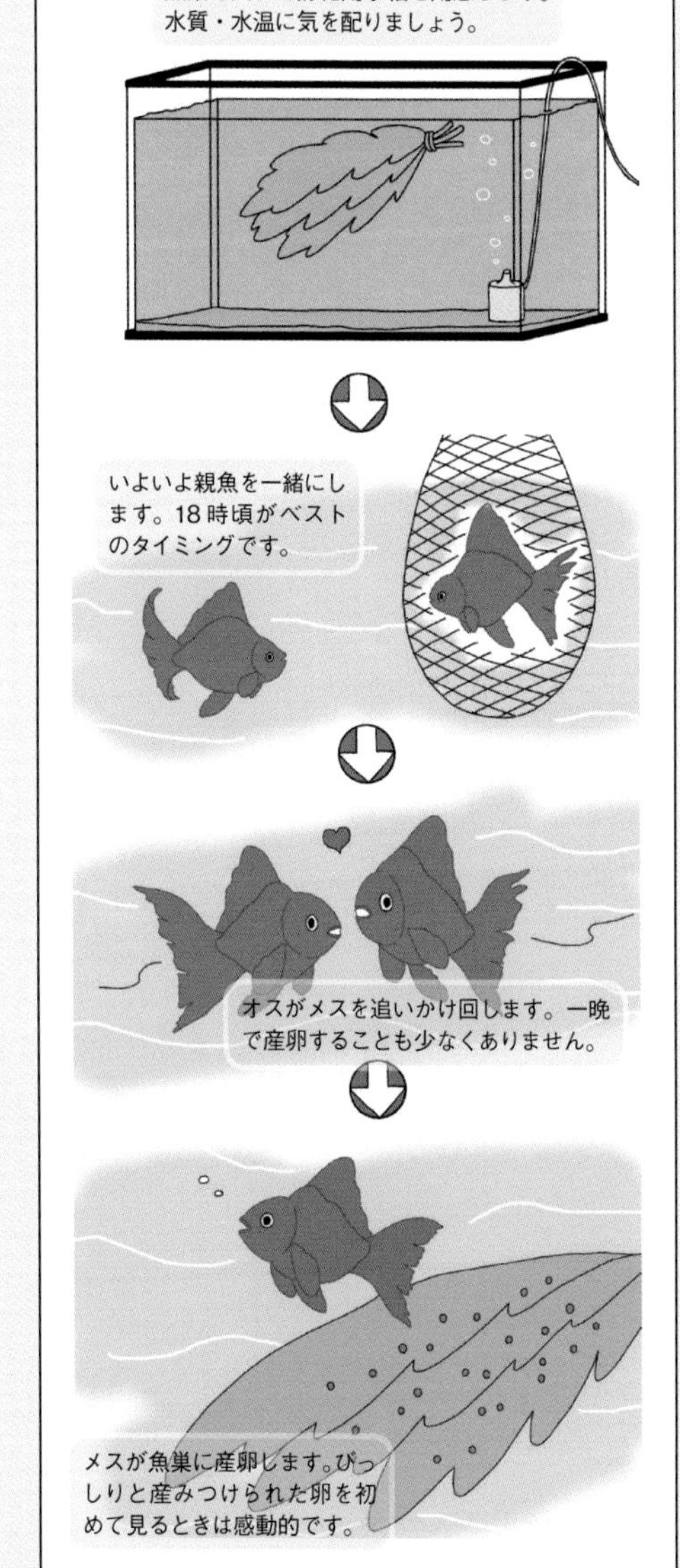

27 卵を孵化させよう

◆気温の差が大きい時期なので、できればヒーターを
◆水温は20℃程度で一定に保つ
◆卵は産卵から5日ほどで孵化する

適切な水温を保つことが最大のポイント

卵が孵化するまでは、とても待ち遠しいものです。それでも、魚巣を触ったりしないで見守るようにしましょう。

孵化用水槽は、エアレーションを設置して酸素を供給してください。 エアレーションは卵が吸い込まれないように、循環式ではないものを使います。ろ過器は、卵や稚魚を吸い込んでしまうため厳禁です。

水温は一定に保つ必要がありますが、この時期は気温差が大きいのでヒーターを利用したいところです。**20℃程度が適切な水温です。孵化までは、20℃なら5～6日、15℃なら1週間くらいかかります。**

水温は高ければいいというわけではなく、高過ぎると孵化が早過ぎて奇形が発生しやすくなるため気をつけてください。また、水槽は直射日光が当たらない場所に設置するようにしま

孵化させるためのコツ

◎水温を一定温度に保つことが何より大切。適温は 20℃程度

◎エアレーションで十分な酸素を送り込もう

◎卵や稚魚を吸い込んでしまうため、ろ過器は使わない

◎水温の変化を防ぐため、直射日光が当たらない場所に置こう

◎卵はとてもデリケート。魚巣は触らないようにしよう

しょう。

白く濁った無精卵は、放置すると腐って水質が悪化してしまいます。目立つ場合は取り除きましょう。


孵化した稚魚は、4~5ミリほどの大きさです。細く透き通った体で、目を凝らさなければ見えないかもしれません。

孵化した当初は、おなかについた卵のうから栄養を取るため、数日間は何も食べず、水底でじっとしています。卵のうがなくなると、エサを求めて泳ぎ始めます。

孵化用水槽

孵化用水槽は、ヒーターとエアレーションのみでOK。水深は10～15センチほどにします。

卵が孵化するまで

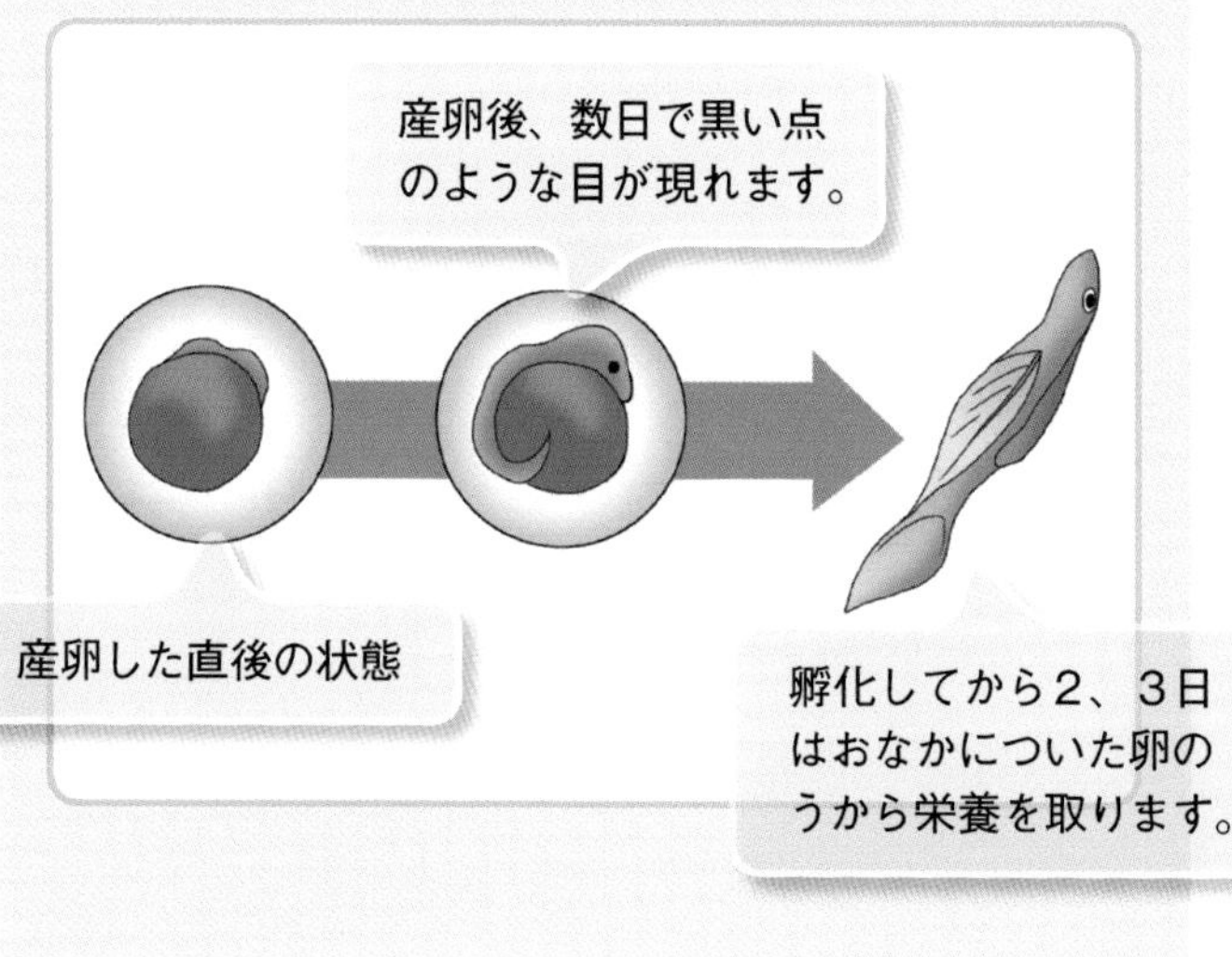

28 稚魚を育てよう

◆**稚魚が最も好むのは、生きたミジンコ**
◆**代用品としては、ブラインシュリンプが最も適切**
◆**生後2週間ほどから配合飼料を与える**

適切なエサを与えながら稚魚の成長を楽しもう

孵化してから3日ほど経つと、稚魚は魚巣から離れて泳ぎ出します。それを確認したら魚巣を取り除いてエサを与えましょう。

稚魚が最も好むのは、生きたミジンコです。ミジンコは池沼や田んぼなどにたくさんいますから、近場にある人はぜひ採取しましょう。ミジンコは目の細かい網を使って採ります。

ブラインシュリンプは栄養たっぷり

近くに水辺がなくとも、代用品が市販されていますから心配はいりません。なかでも、熱帯魚店などで販売されている**ブラインシュリンプは栄養価が高く、初期飼料として適しています。**

ブラインシュリンプは海老の仲間で、乾燥休眠卵として売られています。2～3％の食塩水にブラインシュリンプを入れ、

プロからのアドバイス

稚魚の選別をしよう

一度に生まれる稚魚の数は膨大ですから、すべて育てるのは大変ですし、水槽のスペースにも限界があります。そのため、稚魚を選別する作業が必要になります。

選別は、成長に伴って何回か行います。初めは奇形があるものや元気のない稚魚を取り除きます。成長してきたら、尾やヒレの形、体型のバランス、体色などを観察し、品種の特徴がよく表れているものを残すようにしましょう。選別のポイントは、「見た目」と「元気」です。

エアレーションをしながら28℃ほどに保つと、1、2日で孵化します。孵化したら、ガーゼなどで漉し、容器に入れておきます。多めに孵化させて冷凍させておいても問題ありません。**2週間ほど経って配合飼料を食べられるようになるまで、これを与え続けます。**配合飼料は、初めは稚魚用の粉末タイプを与えましょう。

　もっと手軽な方法としては、ゆで卵の黄身を水に溶かし、霧吹きを使って与えるという方法もあります。ただ、栄養面で劣ることと、水が汚れやすいという欠点があります。ブラインシュリンプの愛用者が多いのはそのあたりの事情もあるようです。

　孵化から1か月ほど経って体長が1センチほどになったら、成魚と同じエサを与えられるようになります。**2か月ほど経つと、いよいよ体色が赤やオレンジになって、しだいに品種の特徴が表れてきます。**

ここがポイント

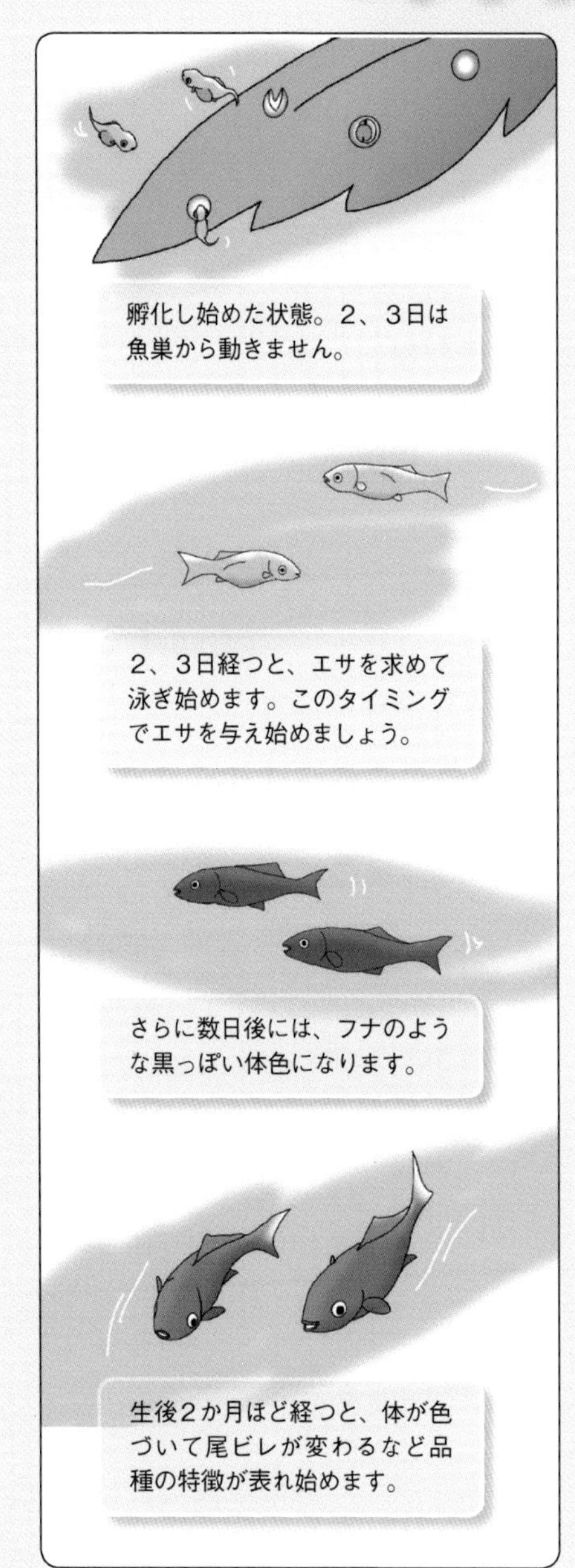

孵化し始めた状態。2、3日は魚巣から動きません。

2、3日経つと、エサを求めて泳ぎ始めます。このタイミングでエサを与え始めましょう。

さらに数日後には、フナのような黒っぽい体色になります。

生後2か月ほど経つと、体が色づいて尾ビレが変わるなど品種の特徴が表れ始めます。

29 金魚を病気から守ろう

◆金魚は病気にかかりやすい生き物
◆病気の原因を取り除いて予防に努めよう
◆病気にかかったら早期発見・治療がポイント

日頃の観察が病気の早期発見につながります

金魚の病気を招くさまざまな原因を知ろう

本来、金魚は寿命が長い生き物で、10年近く生きることも珍しくありません。ただし、基本的な飼育法をしっかりと守らなければ、とてもそうはいきません。

金魚を苦しめる病気もたくさんあります。**日頃から異変がないかをつぶさに観察して、早期発見・治療、それが長生きさせるコツです。**

そうした病気を未然に防ぐという心がけも大事です。例えば、病原菌が水槽に入ると瞬く間に病気が広がってしまいます。さらにストレスを与える環境であれば、徐々に衰弱し、病気にかかりやすくなります。突然、病気にかかったように見えても、実は飼育環境が関係していることが多々あります。

ここでは、金魚を病気から守るために心がけたいポイントを解説します。

病原菌を持ち込まない

徹底したいのが、**病原菌や寄生虫を持っている金魚を水槽に入れないということです。**P14で解説した、上手な金魚の選び方を踏まえ、健康な金魚を購入するようにしましょう。元気のない金魚は抵抗力が弱く、病気にかかりやすいものです。見放すようで可哀想ですが、「元気が良い」を基本に選ぶのが、ほかの金魚のためにもなるのです。

水草にも病毛菌や寄生虫が付着していることがあります。水槽に入れる前にはよく洗い、さらに食塩水やグリーンFなどの薬を使って薬浴・消毒をするとより安心です。

水質を清潔に保つことも病気予防の基本です

水質の管理を徹底する

金魚はアンモニアを排出しますが、これは金魚にとって有害です。水槽にそのままにしておくと弱っていきますから、**定期的な水換えによって水質を悪化させないようにしましょう**。ろ過装置やエアーポンプも、水質の維持に非常に役立ちます。

エサは適量を与える

エサの食べ残しが水質悪化の要因となるだけでなく、食べ過ぎによって消化不良が起こります。適量を与えるとともに、食べ残しはこまめに取り除きましょう。エサは、「ちょっと少ないかな」と感じるくらいがちょうどいいと考えてください。

また古くなって変質したエサを与えると、消化不良を引き起こすことがあります。エサの管理にも気をつけましょう。

ストレスを与えない

ストレスによって抵抗力が弱まることも、病気の原因となります。特に設置場所には気を配りましょう。そのほか、水槽のガラスを手でコツコツと叩く、金魚を追い回すなどもストレスの要因となります。

金魚をよく観察する

病気は早期に発見するほど治りやすいのは人間と同じです。**エサやりのときなどに金魚の体や動きをよく観察し、早めに異常を察知しましょう**。

30 病気のサインを知ろう

◆金魚の不調のサインは泳ぎの様子や体表に表れる
◆日頃から注意して観察し、早期発見・治療を目指そう
◆病気が疑われる場合は薬浴などの対処が必要

日頃から姿をよく観察して異常を早めに発見しましょう

金魚を病気から守るため、日頃からエサの食べ方や泳ぎ方などを注意して観察し、不調のサインを見逃さないようにしましょう。早期発見・治療によって治せる病気は少なくありません。

普段とは異なる行動が見られたら要注意です。

- **水面近くで元気がなく、パクパクと鼻上げをしている**
- **群れから離れてポツンと1尾だけ静かにしている**
- **エサを食べようとしない**
- **水底に体をこすりつけている**
- **ときどき、狂ったように泳ぐ**
- **底に沈んだままじっとしている**

これらは体調が悪化している兆候です。

鼻上げは酸欠の可能性が高いので酸素の供給、エサを食べない場合は食塩水に泳がせるという対策を講じます。また、水底に体をこすりつける場合は、寄生虫がついていることもあるのでよく観察してください。

さらに、体の各部に病気のサインが表れることもあります。

- **色つやがあせてきた**
- **赤や白の斑点がある**
- **ヒレが切れ切れになっている**
- **眼球が飛び出している**
- **口が白く濁っている**

こうした症状が見られる場合は、病気の可能性があります。早めに適切な薬浴(やくよく)などを行い、治療を施しましょう。

金魚の健康チェック

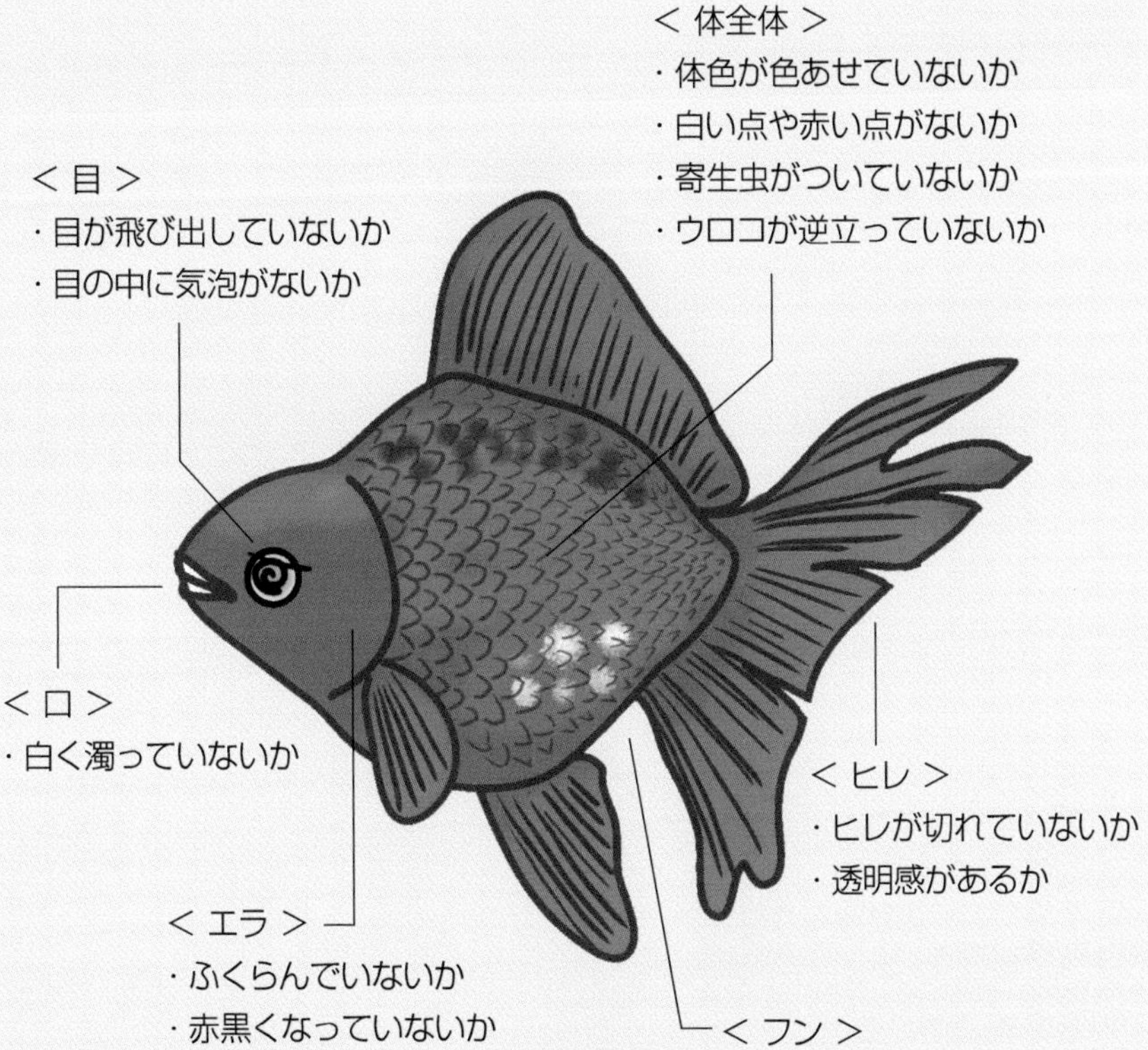

< 体全体 >
・体色が色あせていないか
・白い点や赤い点がないか
・寄生虫がついていないか
・ウロコが逆立っていないか

< 目 >
・目が飛び出していないか
・目の中に気泡がないか

< 口 >
・白く濁っていないか

< ヒレ >
・ヒレが切れていないか
・透明感があるか

< エラ >
・ふくらんでいないか
・赤黒くなっていないか

< フン >
・切れ切れになっていないか

こんな行動もチェック！

・パクパクと鼻上げをしている
・群れから離れてポツンとしている
・エサを食べようとしない
・水底や水草に体をこすりつけている
・時折、狂ったように泳ぎ回る
・底に沈んだままじっとしている

31 塩水浴・薬浴をさせよう

◆病気になったら隔離して感染を防ぐ
◆基本的な治療法は、塩水浴と薬浴
◆薬は「毒」にもなるため、使用する際は慎重に

症状が軽い場合は塩水浴で治ることも

金魚の病気に対する基本的な治療法は、塩水浴と薬浴(やくよく)です。これらの正しい方法を知っておけば、金魚が突然病気にかかったときも慌てずに適切な対処ができます。

金魚が病気にかかったら、まずはほかの金魚から隔離して感染を防ぐことから始めます。そのうえで水換えをして、水草などをよく洗い、病原菌や寄生虫を取り除きます。

症状が軽い場合は、塩水浴だけで治ることがあります。淡水魚の金魚を食塩水に浸けることを意外と感じるかもしれませんが、**0・5%程度の食塩水は浸透圧の関係で、金魚にとってとても快適な環境になる**ことを知っておきましょう。病気ではなく、体力を消耗しているときなどにも、塩水浴によって元気を取り戻すことがあります。

0・5%程度の食塩水は、水1リットルに対し、食塩5グラムほどです。あまり高濃度の食塩水は、臓器に負担を与え、逆に金魚を衰弱させてしまうので食塩の量にはくれぐれも気をつけてください。

塩水浴は消毒になるため、金魚や水草を買ってきた際、病原菌を取り除くために実施するのも有効です。特に金魚すくいの金魚は、できれば最初に塩水浴をさせましょう。

薬浴のポイント

◎症状に合った薬を使う
◎必ず適量を用いる
◎エアレーションを欠かさない
◎エサは与えない

薬を使用する際は説明書をよく読んで

次に薬浴の順序を説明しましょう。

まず薬浴用の水槽を用意します。**病気の金魚は弱っていますから、飼育水と同じ水温にして負担を与えないように配慮しましょう。**さらに、水槽にはエアレーションを設置して十分な酸素を供給します。ろ過装置は必要ありません。

薬は説明書にしたがって規定量を与えます。薬は多過ぎると逆に害になるというのを覚えておいてください。

ここまで用意ができたら、薬浴用の水槽に金魚を移します。薬浴の期間は、薬によって異なります（2日～1週間ほど）。ここでよく疑問を持たれるのが、薬浴中のエサです。病気で体力が衰えているのだからと心配になりますが、**薬浴中はエサを与えないようにしてください。**

処方箋（しょほうせん）にある薬浴期日を過ぎたのに、症状が変わらない場合は、薬品を追加したり、水を換えて再度薬浴をします。

薬品は必ず効くわけではなく、病状が重い場合は手遅れのこともあります。また、薬は使い方によっては「毒」にもなりますから、使用する際は慎重に。お店の人に症状を話し、薬についてアドバイスをもらいましょう。

薬浴は、薬品の説明書にしたがって行いましょう。薬浴中は、心配ですが、金魚を触ったりすることがないように。

32 薬の種類を知ろう

◆**症状をよく観察し、適切な薬を選ぼう**
◆**経口投与の薬はエサに均一に混ぜる**
◆**薬は水草を枯らせてしまうものもあるので取り除いておく**

多くの種類の薬から症状に合うものを選ぶ

金魚は、イヌやネコのように病気になったからといって獣医に見てもらうことはめったにないでしょう。薬を処方するのは飼い主。いわゆる素人です。**間違った薬を使えば、金魚の体に悪影響を及ぼす危険性がありますから、**見立ては慎重に行いましょう。

金魚の治療薬には多くの種類があり、効能は異なります。比較的よく使われるのがニューグリーンFやグリーンF。白点病や尾ぐされ病、水かび病、エラぐされ病など多様な病気をカバーする頼りになる薬です。また、ウオジラミやイカリムシといった寄生虫の駆除ならびに細菌感染症の治療には、リフィッシュがよく使われます。症状をよく観察し、適切な薬を選ぶようにしましょう。

薬の中には、治療だけではなく、予防にも有効に働くものがあります。病気にかかったら隔離ですが、その金魚だけでなく、ほかの金魚にも薬を使えば予防になります。金魚すくいで手に入れた金魚も病原菌などを持っている可能性があるため、水槽に入れる前に塩水浴、もしくはニューグリーンFなどで薬浴をさせると安心です。

金魚の薬は薬浴による使用が基本ですが、なかには経口投与するものもあります。その場合は、エサに均一に混ぜて与えてください。病気の金魚はなかなかエサを食べないことがあるので、きちんとエサを食べたかどうかを確認しましょう。

また金魚の薬には、水草を枯らせてしまうものもあります。**普段、飼育している水槽で薬を使うときは、水草を取り除いておきましょう。**

主な薬品

薬品名	効能・効果
ニューグリーンF	白点病、水かび病、尾ぐされ病、スレ傷ならびに細菌感染症の治療と予防
グリーンF	白点病、水かび病、尾ぐされ病ならびに細菌感染症の治療と予防
グリーンFクリアー	白点病の治療
グリーンFゴールド	皮膚炎、尾ぐされ病ならびに細菌感染症の治療
リフィッシュ	ウオジラミ、イカリムシの駆除ならびに細菌感染症の治療
観パラD	穴あき病ならびに細菌感染症の治療
トロピカルN	ダクチロギルス、ギロダクチルス、イカリムシ、ウオジラミなどの駆除
メチレンブルー	白点病、尾ぐされ病、水カビ病などの治療
エルバージュエース	エロモナス菌による穴あき病、松かさ病などの治療
サンエース	白点病、スレ傷、水かび病などの治療と予防
アグテン	白点病、尾ぐされ病、水カビ病などの治療

白点病

症状
金魚に最も多い病気です。体表やヒレに白い点が現れ、放っておくと体全体に広がります。症状が進行すると衰弱死します。

原因
白点虫という寄生虫が原因。春先や秋など水温15℃前後で発生しやすくなります。水が汚れていると、症状が悪化します。

治療
初期症状は塩水浴が効果的。体表に発生した場合は、数日間、水温を30℃近くに高めて徐々に駆虫し、ニューグリーンFなどの薬で薬浴させます。

尾ぐされ病

症状
初期は尾ビレの先が白っぽくなり、周囲が充血します。症状が悪化すると、尾ビレがぼろぼろになって、死んでしまうこともあります。

原因
カナムナリス菌などの細菌による感染症です。傷から感染しやすく、金魚の飼育数が多過ぎると、ヒレが傷つきやすくなるため気をつけましょう。水質悪化も要因となります。

治療
ほかの金魚から隔離し、観パラDやグリーンFゴールドなどで薬浴させます。0・2～0・5％の塩水浴を一緒に行うと、より効果が高まります。

松かさ病

症状
ウロコがささくれ立ち、松かさのようになる病気です。悪化すると腹部に水がたまってふくらんだりして元気がなくなり、衰弱して死に至ることもあります。

原因
エロモナス菌による感染症という説が一般的です。水を清潔に保つことで予防できます。伝染力はあまり強くありません。

治療
隔離してエルバージュエースなどの薬で薬浴させます。治りにくい病気のため、根気強い治療が必要です。

転覆病

症状
水面に浮いたり、体がひっくり返ってしまう症状で、丸い腹部をした琉金型の品種に起こりやすい病気です。

原因
浮き袋の異常やエサの与え過ぎによる消化不良が疑われます。エサを控えめにすることが予防につながります。

治療
ほかの金魚には感染しません。エサを少なめにするとともに、水温が下がり過ぎないようにします。初期状態の場合、塩水浴が効くことがあります。

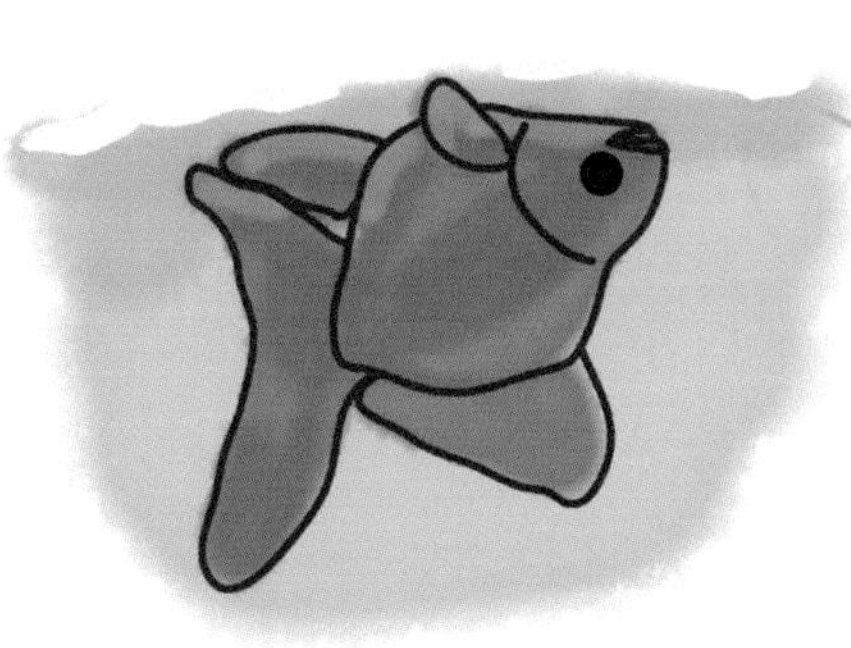

ウオジラミ

症状 ウオジラミに寄生されると、針で血液を吸われ、皮膚やヒレなどに小さな赤い点が現れます。金魚は寄生虫を落とすために、水底などに体をこすりつけます。

原因 6～9月に発生しやすい病気です。水槽と水質を清潔に保つことが予防となります。

治療 ウオジラミは、直径2～5ミリの大きさで肉眼でも確認できます。ピンセットで取り除くこともできますが、体を傷つけるおそれがありますから、リフィッシュやトロピカルNなどで薬浴させるほうが安心です。

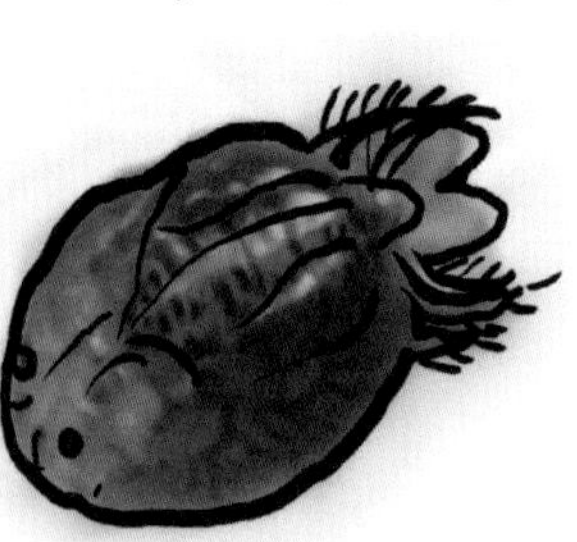

イカリムシ

症状 皮膚やヒレから白い糸くずのようなものが付着します。これがイカリムシという寄生虫です。寄生された部分が充血して、衰弱します。

原因 イカリムシが引き起こす寄生虫病です。イカリムシは大きなものは1センチに達します。5～10月頃に多く発生します。

治療 ピンセットで駆除できますが、体を傷つけないように気をつけてください。リフィッシュやトロピカルNなどでの薬浴も有効です。

穴あき病

症状

初期状態ではウロコに小さな斑点が現れ、次第に周囲に広がります。悪化するとウロコが取れてしまい、体に穴が開いたような状態になります。

原因

外傷から非定型エロモナスサルモニシダ菌などの細菌などが侵入していることが考えられます。比較的水温が低い時期に発症しやすいとされています。

治療

25℃以上に水温を上げると自然に治る場合もあります。観パラDと0・5％の塩水浴の混合も有効です。

水かび病

症状

白い綿のようなかびが付着する病気です。症状が進行すると、全身がかびに覆われてしまい、最後には衰弱死します。

原因

サポロレグニアやアクリアといった水生菌類が、傷口から繁殖するのが原因です。

治療

傷口から感染するため、体表に傷をつけないことが予防になります。水温が15℃前後で発生しやすいので気をつけましょう。サンエースやメチレンブルーなどの薬浴が有効です。

赤斑病

症状
ヒレや腹部などが発赤します。症状が進行するとヒレ先の壊死が進んで「尾ぐされ病」と似た症状になります。

原因
エロモナス菌という細菌による感染症です。この菌は淡水には常に存在している菌で、水質悪化によって増殖します。

治療
水槽や水を清潔に保つことが予防となります。症状を発見したら、水を入れ換え、0・2～0・5%の塩水浴と、観パラDやグリーンFゴールドなどの薬浴を併用しましょう。

トリコディナ症

症状
皮膚に小さな出血斑ができます。症状が悪化すると、次第に体全体に白い膜が広がります。呼吸障害によって死ぬこともあります。

原因
繊毛虫であるトリコディナが皮膚やエラ、ヒレなどに寄生して起こります。水質の悪化も要因となります。

治療
水質の徹底管理が第一の予防となります。症状が表れたら、ホルマリンに薬浴させましょう。

エラぐされ病

症状
エラが変色し、エラぶたがふくらんでいきます。進行するとエラが部分的に欠けたり、まくれたりして死ぬこともあります。

原因
フレキシバクター・カラムナリスによる感染症です。エラが傷ついているときに感染しやすくなります。

治療
初期状態なら、エサに混ぜる薬が効きます。薬浴剤にはグリーンFゴールドやリフィッシュが適当とされていますが、塩水浴も有効です。

金魚ヘルペス

症状

このウイルスに冒されると急速に衰弱します。目立った症状はありませんが、エラの色が淡いピンク色になるなどの症状が表れたら疑ってもいいでしょう。

原因

金魚ヘルペスウイルスが臓器に感染することが原因です。これに感染すると血液をつくれなくなって極度の貧血を起こします。

治療

発症した金魚は速やかに水温33℃以上の容器に移し、3日間ほど様子を見ると治る場合があります。回復すると、金魚ヘルペスに対する免疫ができます。

白雲病

症状

体表やヒレなどに白雲のような斑点が発生する病気で、「綿かぶり病」とも呼ばれます。食欲が減退し、エラが冒されると呼吸困難を起こします。

原因

イクチオボドウやトリコディナといった寄生虫による感染症です。これらの寄生虫は小さくて目に見えません。水温の変化が激しい時期に起こりやすくなります。

治療

1％の食塩浴に30分浸けるという治療を数日間繰り返します。グリーンFゴールドなどによる薬浴も有効です。

ダグチロギルス症 ギロダクチルス症

症状

ウロコやエラに赤い斑点ができ、悪化すると幹部が粘液で覆われてただれます。やがて呼吸困難に陥り、死に至ります。エラに寄生するとエラぐされ病を併発することも。

原因

吸虫類であるダグチロギルスやギロダクチルスの寄生によって起こります。発症すると非常に治りにくい病です。何よりの予防は水をきれいに保つことです。

治療

ホルマリンと水産用マゾテンを混ぜて薬浴をさせます。リフィッシュやトロピカルNでの薬浴も有効です。

33 金魚が死んでしまったら

◆庭があれば埋めてあげよう
◆鉢やプランターに埋めるという手もある
◆川や池に流すのはルール違反

悲しい別れが訪れたら手厚く弔おう

かわいがっていた金魚が死んでしまうのはとても悲しいことです。しかし、それも生き物の定め。最後は手厚く弔ってあげましょう。

複数で飼っている場合、死んだ金魚を放っておくと水質が悪化するため、すぐに取り除いてください。庭があれば、そこにお墓をつくってもいいでしょう。

また、鉢やプランターなどに土を入れて埋めてあげるという方法もあります。そこに花を植えてあげれば、良い弔いになるのではないでしょうか。金魚の死骸を川や池に流したりするのはルール違反です。

家族に小さな子どもがいる場合などは、金魚の死が情操教育の機会になることもあるでしょう。命の大切さなどを十分に話して理解させることで、生き物をいつくしむ気持ちが育つきっかけとなるかもしれません。

いつかは訪れる悲しい別れ。元気なうちにたくさんの写真を撮っておくことをおすすめします。そうすれば、家族の良い思い出になるに違いありません。

第４章　金魚図鑑

金魚の分類

◆金魚は硬骨魚類のコイ目・コイ亜科・コイ科・フナ属
◆金魚は、和金型、琉金型、ランチュウ型、オランダ獅子頭型の4タイプに大別される

それぞれ特徴を持つ4タイプの金魚

金魚は硬骨魚類のコイ目・コイ亜科・コイ科・フナ属に分類されます。しかし、一口に金魚といっても、実にさまざまな姿をしています。

金魚を大きく分けると、「和金型」「琉金型」「ランチュウ型」「オランダ獅子頭型」の4タイプがあります。

このうち、最も祖先のフナに近いのは和金型です。遺伝的には野生に近く、長生きして、20センチ以上に成長するものもいます。

琉金型は、丸い体をして長い尾ビレを持っています。和金に比べて泳ぎは得意ではありませんが、ゆらゆらと優雅に泳ぐ姿が愛されています。

卵型の体型で背ビレがないのが特徴のランチュウ型は、特に上見の美しさで知られています。4タイプの中でも、体質はデリケートです。

オランダ獅子頭型は、琉金に比べて胴が長く、丸い姿をしています。また立派な尾ビレを持っています。

それぞれのタイプによって特性が違いますから、同じ水槽で飼わないほうがいいケースもあります（P28）。

4タイプはあくまでも代表的なもので、これらに属さない品種もいます。

別のタイプの金魚はなるべく一緒に飼わないようにしましょう

和金型

代表的な品種

和金、コメット、朱文金、三州錦、六鱗など

特　徴

フナに近い体型。丈夫で飼いやすい。泳ぎが得意。大きく成長する。

琉金型

代表的な品種

琉金、玉さば、出目金、蝶尾、土佐金など

特　徴

丸い体型で尾ビレが長い。肉瘤が発達した品種もある。

ランチュウ型

代表的な品種

ランチュウ、江戸錦、桜錦、花房、南京など

特　徴

背ビレがなく、上から見ると小判のような形。動きがゆっくり。

オランダ獅子頭型

代表的な品種

オランダ獅子頭、東錦、丹頂、青文魚など

特　徴

琉金よりも胴体が長め。三つ尾や四つ尾などの美しい尾ビレを持つ。

和金（わきん）

和金型

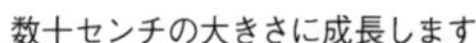

数十センチの大きさに成長します

金魚の中でも原種的な品種です

珍しいシルク短尾の和金

祖先のフナに近い スマートな体型で 泳ぎは俊敏

DATA

人気	★★★
飼いやすさ	★★★
入手しやすさ	★★★
お手頃感	★★★

日本では最もポピュラーな品種で、金魚すくいでもおなじみです。金魚の中でも古い品種で、室町時代に中国から輸入され、日本に根づいて「和金」と呼ばれるようになりました。

金魚の祖先から受け継いだスマートな体型で、泳ぎは力強く俊敏です。丈夫で飼いやすく、初心者には特におすすめです。大きめの水槽でゆったりと飼育すれば長生きして、30センチ以上に成長することもあります。

赤色が一般的ですが、赤と白の更紗（さらさ）やキャリコも観賞用として人気があります。

コメット

和金型

赤白の模様が鮮やかな桜コメット

イエローの姿が優美なレモンコメット

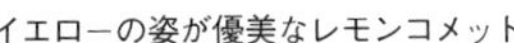

濃い赤色の紅葉コメット

「彗星」の名を持つ長い尾ビレが特徴のスマートな品種

体型は和金に似ていますが、日本からアメリカに渡った琉金の突然変異とフナをかけ合わせた品種です。

「コメット」とは「彗星（すいせい）」の意味。細身の体に彗星のような吹流しの長い尾がついているのが何よりの特徴です。この尾に琉金の血が受け継がれています。長い尾ビレを使って泳ぐ姿はじつに優雅です。

色は、赤と白の更紗模様が一般的ですが、赤白の彩りによって人気に差があります。入手しやすく、飼いやすい品種です。

DATA

人気	★★☆
飼いやすさ	★★★
入手しやすさ	★★★
お手頃感	★★★

朱文金（しゅぶんきん）

和金型

複雑な色彩が魅力の朱文金

大きな尾ビレで優雅に泳ぎます

上手に育てると大きく成長します

観賞魚として人気が高いキャリコ模様の品種

DATA

人　気	★★☆
飼いやすさ	★★★
入手しやすさ	★★★
お手頃感	★★☆

赤、藍、黒の3色が入ったキャリコ模様が特徴です。明治時代、日本でキャリコ出目金とフナ尾の和金、ヒブナを交配してつくられました。コメットの3色タイプといっても良いでしょう。

体型は和金に似ており、長い吹流し尾を持っています。フナの血が混ざっているために、丈夫で飼育しやすい品種です。

大きく成長するタイプですので、広い水槽で伸び伸びと泳がせるといいでしょう。成長するにつれて少しずつ体色が変化していくことも観賞のポイントです。

柳出目金（やなぎでめきん）

和金型

吹流しの尾が特徴の一つ

出目金とは異なる愛らしさを持っています

スマートな体型で、泳ぎが得意です

和金に似た体型で飛び出た目が特徴のスマートな出目金

DATA

人気	★★☆
飼いやすさ	★★★
入手しやすさ	★☆☆
お手頃感	★★☆

出目金と似ていますが、和金のようなスマートな体型とコメットのような吹流し尾が柳出目金の特徴です。

俊敏で優雅な泳ぎによって、見る人を楽しませてくれます。和金からの突然変異という説があります。出目金の中に時折、混じっていることもあるようです。

目が突出しているため、傷つけないように、水槽にとがったものなどは入れないようにしましょう。入手は難しいのですが、特別、飼育しにくい品種ではありません。

三州錦（さんしゅうきん）

和金型

ランチュウを思わせる顔つき

赤と白の配色が人気です

上見の美しさも魅力です

上見も横見も美しい赤白の配色が特徴的な品種

DATA

人気	★★☆
飼いやすさ	★★☆
入手しやすさ	★☆☆
お手頃感	★☆☆

愛知県の三河地方で、ランチュウと地金（六鱗）をかけ合わせてつくられた品種です。

ランチュウのような丸みのある顔つきで、地金のようにヒレに赤が入っている配色の面白さが特徴です。赤白がはっきりとした日本人好みの品種といえます。尾ビレはクジャク尾になっています。上見でも横見でも美しいと評価されている品種です。

新しい品種のため、まだあまり多く出回っておらず、入手が困難な品種の一つです。

六鱗（ろくりん）

和金型

気品あふれる泳ぎを見せます

6か所の赤色がポイントです

背ビレが赤く、上見もきれいです

6か所が赤く染められた気品あふれる姿

江戸時代、和金の尾をしゃちほこの尾に似た形に変化させたことが、六鱗の始まりといわれています。背ビレ、胸ビレ、尾ビレなど、6か所を赤く着色することから、昭和に入って六鱗と名づけられました。愛知県の天然記念物に指定されている地金とは、もともと同じ品種です。地金が上から見ると4枚尾なのに対し、六鱗は2枚尾で、六鱗のほうが長い胴体をしています。

入手は難しく価格も高めですが、金魚ファンならぜひ手に入れてみたい気品あふれる品種です。

DATA

人気	★★★
飼いやすさ	★★☆
入手しやすさ	★☆☆
お手頃感	★☆☆

琉金（りゅうきん）

琉金型

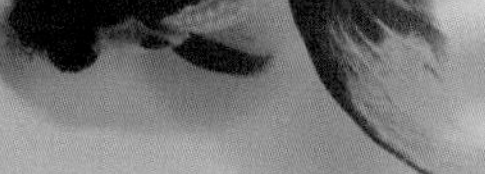

丸みを帯びた優雅なたたずまい

琉金の上見

ゆらゆらと美しく泳ぎます

ふくよかな体型で ゆらゆらと泳ぐ 日本人好みの金魚

日本では和金と並んで親しまれている金魚です。江戸時代、中国から琉球を経由して持ち込まれたことから、琉金と名づけられました。以後、日本人好みの改良が続いて、今は海外に輸出されています。

和金に比べて体高があり、丸っぽい体型をしています。頭が小さく、口がとがっているのも特徴です。各ヒレが大きく、三つ尾や四つ尾の尾ビレを揺らして優雅に泳ぎます。色彩は、素赤（すあか）や更紗などが一般的で、上見でも横見でも楽しまれます。

DATA

人気	★★★
飼いやすさ	★★★
入手しやすさ	★★★
お手頃感	★★★

その他の琉金(りゅうきん)

琉金型

複雑な配色の「キャリコ琉金」

長い尾ビレが美しい「ブロードテール琉金」

輸入ものの「ショートテールダルマ琉金」

配色やヒレの形がさまざまな美しい琉金

琉金は交配によってさまざまな種類が生み出されています。浅葱(あさぎ)色に赤と黒のキャリコ模様が散りばめられている琉金は「キャリコ琉金」と呼ばれ、その美しい色彩から高い人気を誇ります。

また「ブロードテール琉金」は、何といっても幅の広い尾ビレが特徴。一方、尾ビレが短いのが「ショートテールダルマ琉金」です。尾ビレの形によって泳ぎの姿がもたらす趣は大きく異なります。

ほかに、黒と白の色を持つ琉金「パンダ琉金」などもいます。その名の通り、パンダを思わせるチャーミングな姿が魅力です。

DATA

人　気	(品種により異なる)
飼いやすさ	(品種により異なる)
入手しやすさ	(品種により異なる)
お手頃感	(品種により異なる)

玉さば

琉金型

玉さばの当歳魚

機敏な動きは見ていて飽きません

魚体の小さな当歳魚の群れ

吹流し尾を持つ泳ぎの得意な大型品種

DATA

人気	★★☆
飼いやすさ	★★★
入手しやすさ	★☆☆
お手頃感	★☆☆

琉金に似て、丸みを帯びた体型をしていますが、尾ビレがコメットのような吹流しになっているのが特徴です。そのため、琉金型の中では、かなりスイスイと俊敏に泳ぎます。

「鯉と一緒に泳げる」といわれるほど、大きく成長する品種です。大きめの水槽で、数を少なくして飼うと成長しやすいでしょう。

寒さの厳しい越後では琉金を越冬させるのが難しく、交配によって耐寒性の高い玉さばが生み出されたといわれています。

出目金（でめきん）

琉金型

かわいらしい大きな目を持ちます

左右対称の大きな目が特徴

カラフルな出目金も人気です

金魚すくいで人気 飛び出た眼球がチャームポイント

突出した大きな愛らしい眼球が、出目金の特徴。金魚すくいでも目立つ存在です。

出目金は、琉金が突然変異したものを固定化した品種です。生まれた当初は普通の目ですが、数か月後から、次第に飛び出してきます。目が左右対称で力強く飛び出ているのが、優秀な出目金と評価されます。黒色がよく知られていますが、赤や3色のカラフルな出目金もいます。目がデリケートで傷つきやすいため、ゴツゴツとしたアクセサリーは入れないなど多少注意が必要です。

DATA

人　気	★★★
飼いやすさ	★★☆
入手しやすさ	★★☆
お手頃感	★★★

蝶尾（ちょうび）

琉金型

「パンダ」の愛称を持つ品種

赤と黒の模様の「レッサーパンダ」

出目金に似て大きな目を持ちます

配色豊富で蝶のような美しい尾ビレを持つ

DATA

人気	★★★
飼いやすさ	★★☆
入手しやすさ	★★☆
お手頃感	★★★

出目金をベースに品種改良されました。姿は出目金によく似て、目が突出しています。名前の由来は、太く広がった美しい尾ビレが蝶のように見えることです。色のバリエーションは豊富で、白黒模様の「パンダ」、目が黒く体が赤い「レッサーパンダ」と呼ばれる人気品種のほか、赤、黒、更紗などがいます。尾の美しさが特徴ですが、体に尾が水平についているため泳ぎは苦手。できるだけ同タイプの金魚と一緒に飼うようにしましょう。大きな尾ビレは強い水流などが苦手で、折れたり変形したりしないように注意して観察してください。

穂竜（ほりゅう）

琉金型

長い尾を揺らして泳ぎます

突出した目がチャームポイント

淡い色味の変わり竜

淡いパール色が品位を感じさせる赤穂生まれの新作

　兵庫県赤穂市で生み出された新作品種です。生まれ故郷の赤穂の「穂」と、出目（竜眼）の「竜」を取って、穂竜と名づけられました。

　一見地味ながらも、黒味を帯びた体に浮かび上がるような淡いパールが品位を感じさせます。交配種の一つが出目金のため、突出した目がチャームポイントの一つです。

　形はほぼ出来上がりましたが、さらに美しい色味を目指して現在も交配が続けられており、新たな配色の穂竜は「変わり竜」と呼ばれています。

土佐金（とさきん）

琉金型

上見をすると尾の広がりがわかります

体型は琉金とほとんど同じです

岡山県で生産された土佐金

左右に張り出した尾が扇のように美しい高知県の天然記念物

DATA

人気	★★★
飼いやすさ	★☆☆
入手しやすさ	★☆☆
お手頃感	★☆☆

大阪ランチュウと琉金の交配によって生まれました。主に高知市とその周辺で飼育されていた品種で、高知県の天然記念物に指定されています。

琉金と似ており肉瘤（にくりゅう）はありません。左右に思い切り扇のように張り出した尾ビレが最大の特徴です。大きな尾ビレを使ってとても優雅に泳ぎます。

飼育が難しく、かつては「門外不出」でしたが、今は愛好家に広がっています。水を清潔に保ち、エサは少なめに与え、浅くて広い水槽を用意するのが飼育のポイントです。

ランチュウ

短い尾ビレでかわいらしく泳ぎます

上見も高く評価されています

ランチュウの当歳魚

「金魚の王様」と称される堂々とした姿が人気

和金の突然変異から生まれたマルコという品種から派生しました。現在の姿は、江戸から明治に交配によってつくられました。

ずんぐりとした卵型の体型と顔の肉瘤が特徴です。その堂々とした姿から、「金魚の王様」とも呼ばれます。各地に「ランチュウ愛好会」が設けられ、品評会が行なわれていることからも、その人気ぶりがうかがえます。

体の割に尾ビレは小さいですが、泳ぎはそれほど苦手ではありません。体色は、黄金色や紅白、紅のほか、黒や青のものもいます。

DATA

人　気	★★★
飼いやすさ	★★☆
入手しやすさ	★★☆
お手頃感	★★☆

江戸錦（えどにしき）

ランチュウ型

体型はランチュウに似ています

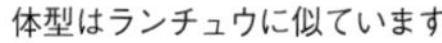

配色が評価の大きな基準になります

上見も美しい品種です

キャリコ模様と肉瘤が特徴の東京生まれの品種

DATA

人気	★★☆
飼いやすさ	★☆☆
入手しやすさ	★☆☆
お手頃感	★☆☆

ランチュウとキャリコ柄の東錦の交配によって生まれた品種です。戦後、東京（江戸）で生まれたことから江戸錦と名づけられ、尾ビレの長いものは特に「京錦」と呼ばれます。

ランチュウ譲りの肉瘤、背ビレのない丸みを帯びた体型、そして赤や白、黒がバランス良く入ったキャリコ模様が特徴です。個体によって配色はかなり異なります。

あまり流通量は多くなく、特に整った体型のものは貴重です。歴史の浅い品種で今も改良が続けられています。

桜錦（さくらにしき）

ランチュウ型

透明感のある清楚な体色です

尾ビレが大きく、上見も人気です

桜錦と江戸錦。体型は似ています

桜の花のような紅白更紗の模様が人気を博す新作

ランチュウと江戸錦の交配によってつくられました。平成に入ってから愛知県弥富市の深見養魚場で生み出された新しい品種です。

紅白更紗の体色が人気で、泳ぐ様はまるで桜の花が舞い散っているかのよう。江戸錦から作出されたため、黒や浅葱が混じっている個体もあります。

ランチュウよりも丈夫で飼いやすく、基本的な飼育法を守れば、10年以上も長生きします。また、ゆったりとした水槽で飼えば大きく成長し、20センチほどになります。美しい桜体色を楽しめる横見の水槽が向いています。

DATA

人気	★★★
飼いやすさ	★★★
入手しやすさ	★☆☆
お手頃感	★☆☆

花房（はなふさ）

ランチュウ型

背ビレがないランチュウ型

鼻先の突起は成長につれて大きくなります

さまざまな配色の固体がいます

鼻先の突起を揺らしてゆうゆうと泳ぐ様がかわいらしい

DATA

人気	★★★
飼いやすさ	★☆☆
入手しやすさ	★★☆
お手頃感	★★☆

昭和時代に入って中国から輸入された品種です。鼻先の突起が肥大した房が何よりの特徴で、名前の由来にもなっています。

背ビレがないランチュウ型と、背ビレのあるオランダ獅子頭型がいます。オランダ獅子頭型は日本でつくられた品種です。

体色は、赤や紅白更紗、茶金をはじめ、さまざまなバリエーションがあります。左右の大きな房を揺らしながら、ゆうゆうと愛らしく泳ぐ様が人気を呼んでいます。

南京（なんきん）

ランチュウ型

白っぽい個体が好まれる品種です

背ビレはなく、バランスの良い体つきです

桜南京と呼ばれる品種

光沢のある銀白色の品位ある姿をした島根県の天然記念物

江戸時代には出雲地方で飼育されていました。現在は鳥取県の天然記念物に指定されています。

体色は全体的に白っぽく、口やエラ、ヒレなどに赤色が入っています。とりわけ、光沢のある銀白色の個体が高く評価されます。ランチュウに比べて丸っこい体をしていますが、尾ビレが短い個体が一般的です。どこか「侘び寂び」を感じさせる品位ある姿が南京の大きな魅力です。

あまり流通していないため、入手はなかなか難しいですが、ファンならぜひ一度は観賞したい品種です。

オランダ獅子頭（ししがしら）

オランダ獅子頭型

各ヒレが大きく見ごたえがあります

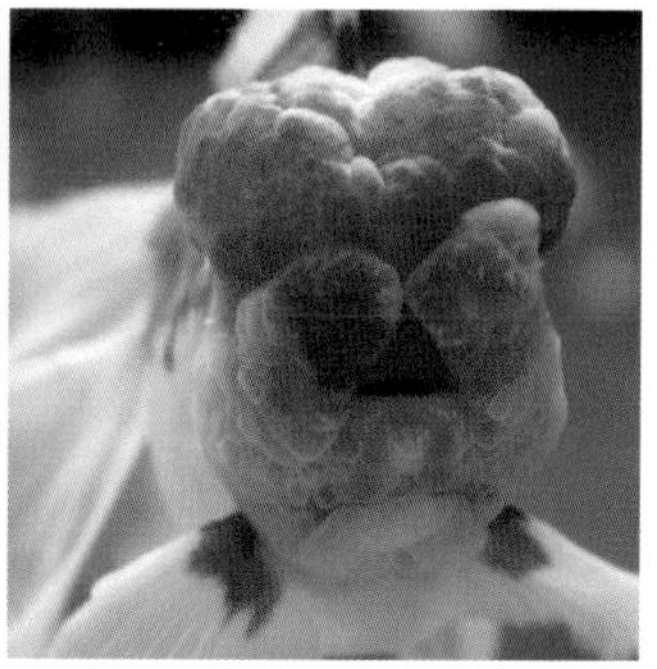
肉瘤が発達し、目が埋もれる個体もあります

珍しい白黒の配色です

モコモコとした肉瘤を持つ迫力ある大型金魚

DATA

人気	★★★
飼いやすさ	★★★
入手しやすさ	★★★
お手頃感	★★☆

琉金の変異種として出現したものを改良した品種。江戸時代後期に中国から沖縄経由で長崎に入ってきました。当時、海外のものは「オランダもの」といわれたために、このような名前がつけられました。

頭部に肉瘤が発達し、胴は長く、ヒレが長い、迫力のある体つきをしています。体色は、赤白や赤、白、黒などさまざまです。比較的飼育が簡単で成長も早く、なかには40センチくらいになる個体もおり、「ジャンボオランダ」とも呼ばれています。上見、横見ともに魅力がある品種です。

東錦（あずまにしき）

オランダ獅子頭型

成長するにつれて肉瘤が発達します

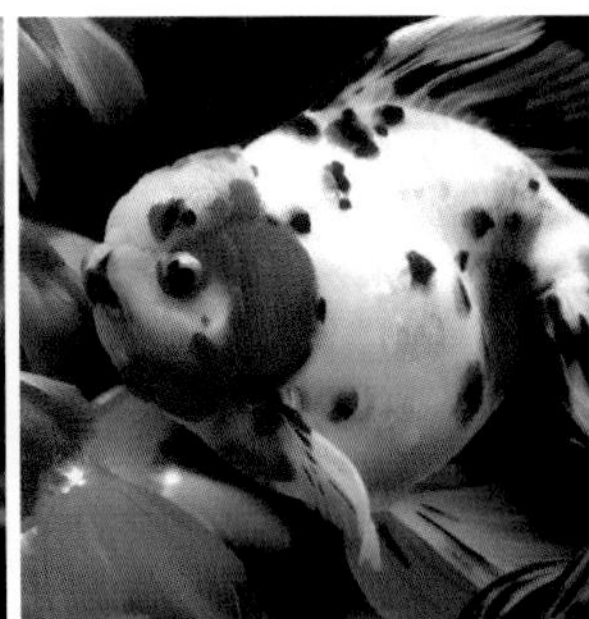

赤白がメインの清楚な印象の個体

上見をするとヒレの伸びがよくわかります

大きなボディにまだら模様が鮮やかに映える

オランダ獅子頭と三色出目金の交配種で、キャリコ柄特有の浅葱色、黒色、赤色、銀鱗の体色が特徴です。昭和の初めに横浜の金魚商によって生み出されました。英語では、「キャリコ・オランダ」と呼ばれます。

体型はオランダ獅子頭と同じで、肉瘤が発達し、各ヒレがよく伸びています。体型、体色ともに豪華で迫力があり、大きく育ちます。人気の高い品種ですが、丈夫で飼いやすい品種です。できるだけ大きな水槽でゆったりと泳がせると大きく成長します。大きく育った東錦は迫力満点です。

DATA

人気	★★☆
飼いやすさ	★★★
入手しやすさ	★★☆
お手頃感	★★☆

丹頂（たんちょう）

オランダ獅子頭型

丹頂鶴を思わせる配色

帽子のような肉瘤

比較的飼育は簡単です

赤い帽子をかぶったような紅白のコントラスト

DATA

人気	★★★
飼いやすさ	★★☆
入手しやすさ	★★☆
お手頃感	★★☆

昭和の初めに中国から入ってきました。頭頂部だけ赤く、まるで赤いベレー帽をかぶっているような姿をしています。丹頂鶴を彷彿（ほうふつ）とさせることから、丹頂と呼ばれています。紅白の配色は日本人好みで、人気の高い品種です。英語では、その見た目から「レッド・キャップ」と呼ばれます。

国産個体の体型はオランダ獅子頭によく似た丸もので、各ヒレが大きいのが特徴です。また中国タイプは小さいうちから盛り上がった丸い肉瘤が魅力です。なかには、背ビレを持たないランチュウ型の個体もいます。

青文魚（せいぶんぎょ）

オランダ獅子頭型

白みがかった羽衣と呼ばれる個体

祖先のフナを思わせる色調です

尾ビレが左右によく伸びています

ヒレが大きい品種で青みがかった黒色が品位を感じさせる

オランダ獅子頭と似た体型をしており、青みがかった品位ある黒色の体色が特徴です。昭和時代に中国から輸入されました。

中国では、尾ビレが三つ尾や四つ尾で、背ビレのある金魚を上から見ると「文」の文字に似ていることから、「文魚」といいます。青文魚とは、青い文魚という意味です。

青文魚の中でも、白く褪色（かっしょく）している個体は羽衣、完全に白くなると白鳳（パイフォン）と呼ばれます。入手はやや難しいですが、基本的な飼育法を守れば長生きします。

水泡眼（すいほうがん）

その他

水泡が大きく成長した個体

水泡を揺らしながら泳ぎます

キャリコ模様の水泡眼

顔の両側についた２つの大きな水泡がユーモラス

DATA

人気	★★☆
飼いやすさ	★★☆
入手しやすさ	★★☆
お手頃感	★★☆

昭和30年代に中国から渡来しました。顔の両側にリンパ液が詰まったこぶのような水泡があるのが最大の特徴で、名前の由来にもなっています。

水泡は非常にデリケートで一度破れると元の状態に戻りにくいため、水槽の中には傷つきやすいものを入れず、一緒に飼育する金魚の数も少なめに。そのほかには、特に飼いにくい点はありません。

泳ぐのに合わせて水泡がひらひらと揺れる様がユーモラスです。一般に背ビレはなく、曲線を帯びた背中をしていますが、最近は背ビレのあるタイプも流通しています。

第5章　もっと金魚を楽しもう

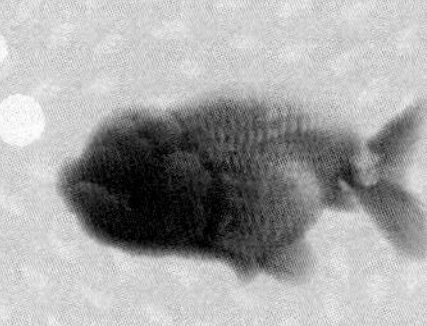

金魚何でも相談室

金魚についてもっと深く理解するためによくある質問にプロが答えます。

Q 金魚を飼うのに適したシーズンは?

A 春から夏にかけてがベスト

江戸時代の頃から、金魚が夏の風物詩として親しまれてきたのは春から夏にかけては水温が高く、適温のため、比較的、金魚が飼いやすい時期だからです。初心者の人は、春から夏にかけてが金魚を手に入れるベストなシーズンといえるでしょう。

秋には金魚の品評会が各地で開催されます。その年に生まれた金魚(当歳魚)を手に入れたい場合は秋の品評会に足を運んでみるのがおすすめです。

Q 金魚は何年くらい生きる?

A 10~15年生きる品種も

金魚すくいで手に入れた金魚が一夏で死んでしまい、短命な生き物だと思っている人も少なくないようです。しかしそれは誤解で、十分なメンテナンスをすれば、丈夫な品種であれば10~15年くらいが寿命とされています。ワキンで25年生きたという記録もあります。もちろん個体差もありますが、本来は丈夫で長生きする生き物なのです。

Q 旅行で留守にするときは?

A 1週間ならエサなしで大丈夫

最もいけないのが、大量のエサを与えること。水質が悪化して金魚が体調を崩す原因になりかねません。金魚は1週間くらいであれば、エサを与えなくても大丈夫なので、よほど長期間の旅行でなければ気にしなくても大丈夫です。それでも心配な人には、数日間かけて少しずつ溶け出すエサや自動給餌機といった便利なグッズもあります。

またろ過装置とエアーポンプのスイッチは入れたままにして、蛍光灯は消しておきましょう。

Q 寒い地域に住んでいますが、金魚は飼えますか?

A 0℃近くでも金魚は死なない

金魚は10℃以下になると動きが鈍くなり、5℃以下では冬眠状態となります。0℃近くになっても死ぬことはありませんが、エサはほとんど食べなくなって体力が落ちますので、水槽の掃除などは控えたほうがいいでしょう。寒い地域でも飼うことはできますが、ヒーターなどで適温を保ち、過ごしやすい環境を整えてあげましょう。

Ⓠ金魚とほかの川魚などを一緒に飼っても大丈夫？

Ⓐ基本的には一緒に飼える

基本的には、川魚や熱帯魚と一緒に飼うことができます。ただ、体の大きさや動きのスピードが大きく異なることがないようにしてください。

金魚は温厚な性格ですから、ほかの魚を攻撃することはあまりありません。それでも、雑食性のため、メダカなどの小さな魚は食べてしまうこともあるので注意しましょう。

Ⓠ金魚を1匹だけで飼うと寂しがる？

Ⓐ基本的には集団生活が好き

金魚の祖先であるフナは、群れをなして生活する習性があります。そのため、金魚も基本的には集団生活が好き。1匹よりは、複数で飼ったほうが金魚も喜ぶでしょう。

複数の場合、ほかの金魚と動きを比べ、体調の変化に気づきやすいというメリットもあります。といっても、数が多過ぎると水質が悪化しやすいので注意してください。小さな水槽に詰め込み過ぎるよりは、1匹で飼ったほうが金魚にとってはいいことが多いです。

Ⓠ金魚に合ったPH（ペーハー）を教えて。

ⒶPH7.0程度の中性を保つ

PHとは酸性、アルカリ性を測る値のこと。中性はPH7.0で、それ以上はアルカリ性、それ以下は酸性となります。金魚は中性の水を好みますが、水道水はもともと中性ですから、あまり気にする必要はありません。

ただ、水の汚れがひどくなると次第に酸性になりますから、定期的な水換えが必要です。あまりに酸性が強くなったときに水の大部分を入れ替えると、PHが急激に変化し、「PHショック」という負担を与えてしまいます。それを避けるためにもこまめな水換えが重要になります。

PHの検査薬も市販されていますので、気になる方は手に入れるといいでしょう。

Q「金魚のフン」という俗語があるように、なぜ金魚のフンは長く、なかなか離れ落ちないのか？

A肛門を開け閉めする筋肉がない

金魚には胃がないため、エサは食道から腸を経て、吸収されなかったものがフンとなります。金魚のフンが長いのは、肛門を開け閉めする筋肉がなく、切れずについてくるからです。

Q金魚は人に慣れる？

A人に慣れて近づいてくる

毎日世話をしていると、次第に金魚は飼い主に慣れてきます。エサをあげようとして近づいただけで、来るようになるでしょう。そうなると、金魚がより可愛く見えてくるはずです。

Q金魚は視力が良い？

A目は悪いが視野は広い

金魚はあまり目が良くなく、視力は0.1～0.5程度といわれています。ただ、目が体の両側についているため視野は広いです。色彩も識別でき、特に赤色系の識別能力が優れているといわれています。

Q夜になると金魚も眠る？

A目はつむらないが金魚も眠る

夜間に水槽に取りつけた照明

器具の電源を消すと、金魚は水底などでじっと静かにしています。まぶたがないので目はつむりませんが、金魚も眠っていると考えられています。夜間は水槽を暗くして、生活のリズムをつくってあげましょう。夜間に水槽を叩いたり、エサをあげたりすることも避けてください。

Q 家に幼児がいるのですが注意点は？

A 水槽の位置やエサの量に注意

金魚は、子どもと一緒に楽しく飼える生き物ですから、それほど心配する必要はないでしょう。ただ、子どもが小さいうちは、水槽をひっくり返してしまうことがありますから、水槽は手の届かない安定した場所にセットしてください。また大人でも難しいことですが、子どもはエサの量の調節がわからず、与え過ぎてしまうことがありますので、注意したほうがよいでしょう。

Q 金魚すくいのコツを教えて。

A 最初に紙全体を濡らす

金魚すくいの金魚は移動によって弱っているものも少なくありません。ですから、長く飼うためにも、まずは元気な金魚を選ぶことが何よりです。ウロコが逆立っていたり、体に傷がついていたり、群れから離れてじっとしているような金魚は避けましょう。

金魚すくいに使われる道具は、「ポイ」と呼ばれます。ポイに張られた紙が破れないようにすることが金魚すくいの最大のポイントです。そのためにまず、紙全体を濡らします。一見、破れやすくなりそうですが、じつは一部が乾いていると、そこと濡れているところとの境目から破れてしまうのです。

金魚をすくうときは、斜め上から水に入れて、ポイの上に金魚が泳いできたら、再び斜めに上げます。まっすぐに上げると、水の抵抗によって破れやすくなります。

家に持ち帰ってからのケアについては、P17をご覧ください。

Q 金魚のほかにもペットを飼いたいのですが、注意点は？

A ネコは金魚の天敵

金魚にとって天敵かどうかを判断してください。イヌや小鳥、ウサギ、ハムスターなどは、金魚をねらうことはありません。

一方で、ネコは天敵です。ネコを飼う場合は、水槽には必ずふたをして手が入らないようにしてください。

Q 初めて金魚を飼います。おすすめの品種は？

A 「和金型」がおすすめ

できるだけ祖先のフナに近い品種が丈夫でおすすめです。和金やコメット、朱文金などの「和金型」の金魚は比較的丈夫で、初心者にも飼いやすいです。

ほかのタイプの金魚にも飼いやすい品種はありますが、いわゆる丸ものなど、フナと体型が離れているものほどデリケートで飼いにくくなると考えてください。

Q インターネットの通信販売で金魚を手に入れたいです。注意することは？

A 信頼できるショップを選ぶ

金魚の種類が充実した専門店が近所にない場合は、通信販売も欲しい金魚を手に入れる良い手段です。ただ、直接、個体を見て選べないため、信頼できるショップを選ぶ必要があります。入荷情報をこまめに更新していたり、飼育法などの情報を積極的に発信しているショップは信頼できることが多いようです。

通信販売では、酸素をたっぷりと詰めたビニール袋に金魚を入れ、段ボールで梱包して宅配便で送ってくれます。

Q引越しをするのですが、金魚の移動はどうしたらいい？

A振動や温度差に気をつける

水槽に入れたまま運ぶのは振動が伝わりやすいのでNGです。大きめのビニール袋に金魚を入れ、しばらくエアレーションをして酸素を送り込んだ後、口をしっかりとしばります。車などで運ぶ際は、ビニール袋は直接荷台に置かず、人が抱えてあげたほうが振動が伝わりにくく安心です。引越し先で金魚を水槽に入れる際には、水質や水温の変化に気をつけてください。

Q金魚が水面からよくジャンプをするのですが、問題はない？

A寄生虫などの可能性も

金魚がジャンプして水槽から飛び出してしまうことがありますので、ふだんから水槽にはふたをしておきましょう。頻繁にジャンプをする場合は、元気がよいのではなく、寄生虫などが体について苦しんでいる可能性が高いため、病気を疑ってください。

Q金魚の産地として有名な場所は？

A大和郡山市と弥富町が有名

奈良県の大和郡山市と愛知県の弥富町が金魚の二大産地として知られています。大和郡山市では江戸時代から金魚の養殖が盛んで、武士の副業となっていました。弥富町は同じく江戸時代、大和郡山市から名古屋を目指していた金魚商人が、途中で金魚を休ませる池をつくったことから養殖が始まりました。どちらでも、イベントや品評会などが行われています。

Q 家で飼っている金魚を写真に撮りたいのですが、なかなかうまくいきません。どうすれば、動きのある美しい写真が撮れる?

A 金魚を上手に撮影する6つのポイント

金魚のかわいらしい姿を写真に撮りたいと思う人は多いでしょう。しかし、素早く泳ぎ回る金魚は、なかなか難易度の高い撮影対象です。ここでは金魚の上手な撮影法について解説しましょう。

真正面から撮ったカット。金魚のかわいらしい表情がよく表れています

水草とともに泡を背景にして撮りました。バックも気にすることでより雰囲気のある写真になります

バックスクリーンを設置すると、金魚の姿や動きをはっきりと表現できます

❶一眼レフカメラが理想

元気に泳ぎ回っている金魚の撮影にはシャッタースピードの速い一眼レフのカメラが適しています。一眼レフではない場合は、金魚が静止しているところなどをねらうと、比較的きれいな写真が撮りやすくなります。

❷水や水槽をきれいにする

良い写真を撮るためには、水や水槽が透明であることも大切です。そこで撮影は、水換えをした後のきれいな状態で行いましょう。ただ、撮影のたびに掃除をするのは大変ですから、撮影用の小型水槽を用意してもいいでしょう。また水槽内が明るいこともポイントです。蛍光灯を設置すると、よりクリアな写真が撮れます。

❸水草を入れる

水草をバックにして泳いでいるところを撮影すると、金魚の体色と水草の緑のコントラストによって、金魚がより鮮やかに見えます。

❹ピントは金魚の目に合わせる

目にピントが合っていると、多少、ウロコがぼけても、それがまた味となります。

❺金魚の動きを予測する

金魚はなかなか止まってくれません。そこで金魚の動きを予測し、「この水草の前に泳いできたときにシャッターを押そう」などと先回りして考えることが大切です。

❻何度もチャレンジする

失敗を重ねるごとに、金魚の動きやシャッターを押すタイミングなどがわかってきて、より上手な写真を撮れるようになります。

金魚お役立ちホームページ

金魚の情報が充実したホームページを紹介します。ネット上には、専門店から個人の金魚ファンまでさまざまな情報が集まっていますから、知りたい情報がきっと見つかるでしょう。

伊藤養魚場

http://www.sportsonline.jp/itou-yougyojyou/

本書の監修者が経営する伊藤養魚場のHP。金魚が通販で購入できるほか、飼育講座や写真館、金魚すくいのコツなど、金魚に関するコンテンツが満載です。

大和郡山市

https://www.city.yamatokoriyama.nara.jp/kankou/kingyo/

全国的に有名な金魚の産地、大和郡山市のホームページには、金魚の歴史から品種紹介、飼育方法、病気など情報が充実しています。

raspberry republic

http://quraris.com/raspberryrepublic/

金魚の飼育方法や豆知識、病気予防など豊富なコンテンツの個人ブログ。稚魚飼育についても写真とともに詳しく解説されています。

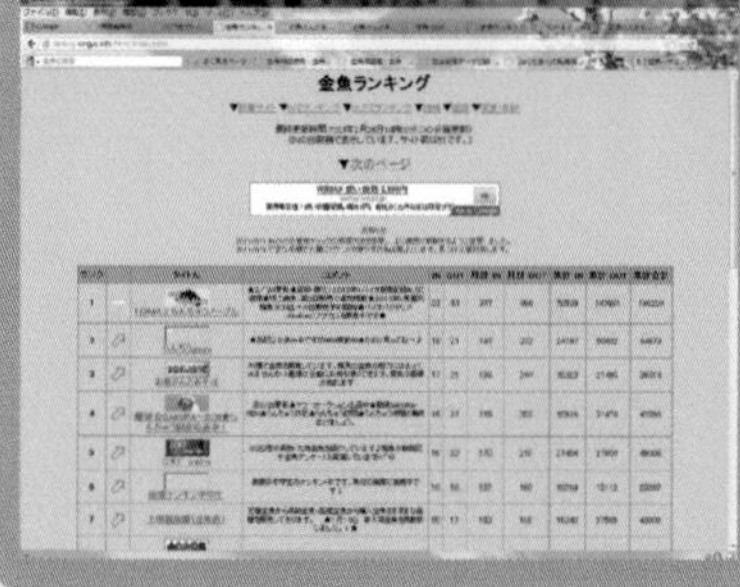

金魚ランキング

http://ranking.kingyo.info/html/index.html

金魚に関するHPを集めてアクセスランキングを行っています。専門店のHPや個人ブログなど、内容はさまざまです。

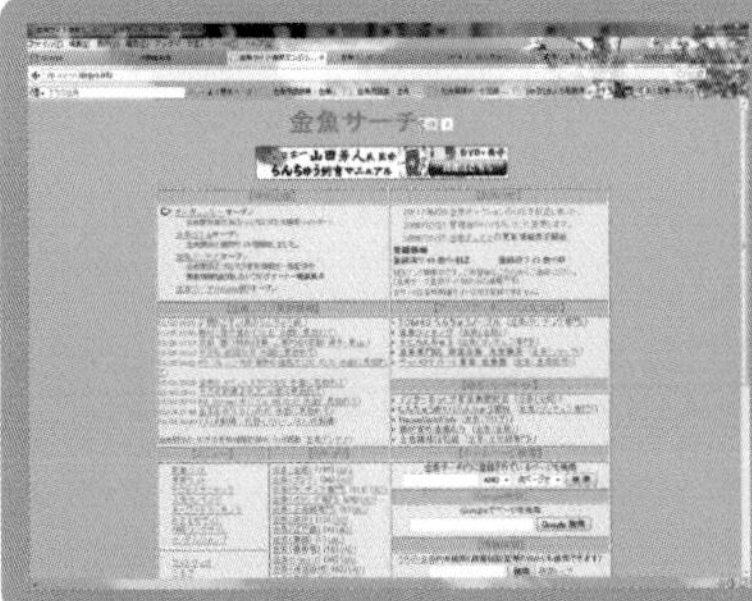

金魚サーチ

http://search.kingyo.info/

金魚に関するHPのリンク集です。品種別の情報案内や人気ブログの更新情報などが掲載されています。金魚の相談コーナーなどもあります。

金魚すくい本舗 金魚屋の息子

http://www.kingyo-shop.jp/

「金魚すくい」を広めることを信念として、主に業者向けに金魚を販売する老舗金魚店。サイトでは、金魚すくいの極意が詳しく説明されています。

金魚元気

http://www.gex-fp.co.jp/kingyo/

アクアリウム関連製品などを扱う、ジェックス株式会社の金魚情報サイト。飼育方法や各種グッズの紹介の他、金魚川柳の募集も。

金魚の吉田

http://www.kingyo-yoshida.com/

東京都葛飾区にある文政2年創業の金魚店のHP。入荷状況などが掲載されています。

金魚を観賞できる施設

水族館の中には、金魚を展示しているところも多数あります。なかには、金魚専門の水族館も。近くを訪問した際は、ぜひ立ち寄ってみてください。

サケのふるさと千歳水族館

サケをはじめとした
世界の淡水魚を中心に展示。
体験コースも充実。
金魚は、日本各地の地金などが見られます。

開館時間	9時～17時
休館日	無休
TEL	0123-42-3001
所在地	北海道千歳市花園2-312
入館料	一般800円、高校生500円、小・中学生300円
http://chitose-aq.jp/	

アクアマリンふくしま

生態系を再現して魚を展示します。
金魚は、ジャンボ獅子頭や水泡眼、琉金、桜錦、東錦、庄内金魚などが見られます。

開館時間	9時～17時30分(3月21日～11月30日)、9時～17時(12月1日～3月20日)
休館日	無休
TEL	0246-73-2525
所在地	福島県いわき市小名浜字辰巳町50
入館料	一般1800円、小学生～高校生900円
http://www.aquamarine.or.jp/	

寺泊水族博物館

海に囲まれた水族館。
世界各国の珍しい魚のほか、
玉さばなどの金魚を展示。

開館時間	9時～17時
休館日	無休
TEL	0258-75-4936
所在地	新潟県長岡市寺泊花立9353-158
入館料	一般700円、中学生450円、小学生350円、幼児(3歳以上)200円
http://www.aquarium-teradomari.jp/	

登別マリンパークニクス

西洋の城を模した建物の中に2万点の生き物を展示。金魚が幻想的に舞い泳ぐ「金魚万華鏡」は必見。

開館時間	9時～17時
休館日	無休
TEL	0143-83-3800
所在地	北海道登別市登別東町1-22
入館料	一般2450円、4歳以上小学生まで1250円

https://www.nixe.co.jp/

東京タワー水族館

東京タワー1階にある水族館。金魚は、日本庭園のコーナーに展示されています。

開館時間	10時30分～19時（3月16日～11月15日、ただし8月中は20時まで）、10時30分～18時(11月16日～3月15日)
休館日	無休
TEL	03-3433-5111
所在地	東京都港区芝公園4-2-8
入館料	一般1080円、シニア・1歳以上中学生まで600円

http://www.suizokukan.net/

蓼科アミューズメント水族館

標高1750メートルという日本一の高地にある水族館。ランチュウや江戸錦、黒オランダなどの金魚を展示します。

開館時間	9時～17時(土日は17時30分まで)
休館日	無休
TEL	0266-67-4880
所在地	長野県茅野市北山4035-2409
入館料	一般1470円、小・中学生840円、幼児(3歳以上)420円

http://www.tateshina-aquarium.jp/

桂浜水族館

名勝・桂浜公園の浜辺にあり、土佐湾を一望する水族館。ご当地の土佐金を観賞できます。

開館時間	9時～17時30分
休館日	無休
TEL	088-841-2437
所在地	高知県高知市浦戸778　桂浜公園内
入館料	一般1200円、小・中学生600円、幼児(3歳以上)400円

http://katurahama-aq.jp/

金魚と鯉の郷広場

長洲町は江戸時代から続く金魚の一大産地。日本のみならず、世界の珍しい金魚を多数観賞できます。

開館時間	9時～17時
休館日	無休
TEL	0968-78-3866
所在地	熊本県玉名郡長洲町大字長洲3150
入館料	無料

http://www.town.nagasu.lg.jp/kankou/one_html3/pub/default.aspx?c_id=105

※年末年始や整備のために休館する場合があります。事前にお問い合わせください。

金魚のイベント・品評会

金魚の名産地をはじめ、全国各地で金魚をテーマとしたイベントや品評会が開催されています。金魚ファンなら一度は行ってみたいところです。

金魚まつり

金魚の展示・即売や金魚すくいなどが行われます。

開催日	毎年7月の土・日曜
会場	行船公園（東京都江戸川区北葛西3-2-1）
主催	江戸川区特産金魚まつり実行委員会
問い合わせ	江戸川区役所産業振興課農産係 03-5662-0539

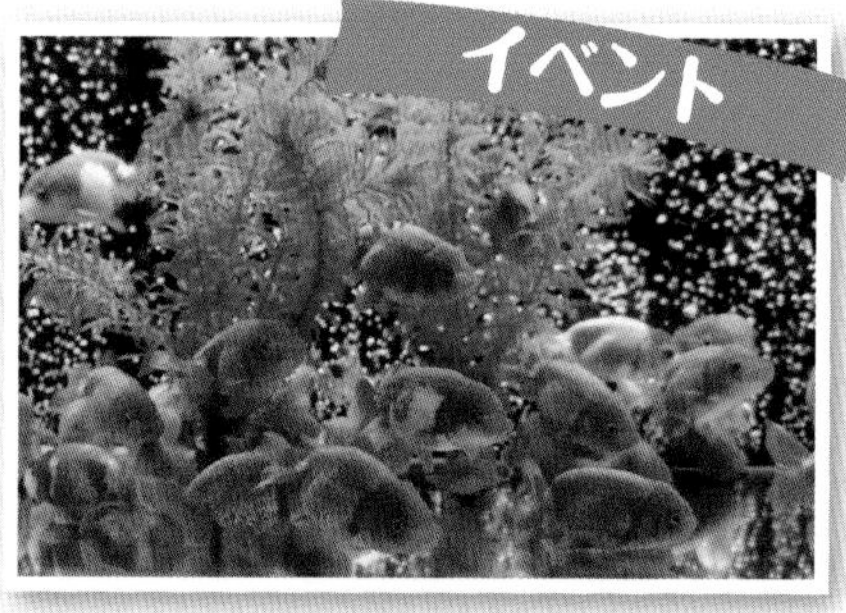

五社宮祭

金魚みこしや金魚すくいのほか、多数の出店が立ち並びます。

開催日	毎年5月第4日曜
会場	代々木八幡宮 （東京都渋谷区代々木5-1-1）
主催	代々木八幡宮
問い合わせ	代々木八幡宮 03-3466-2012

全国金魚すくい選手権大会

金魚の産地・大和郡山市で開かれる、金魚すくいの腕を競うユニークな大会。

開催日	8月中旬
会場	金魚スクエア （奈良県大和郡山市矢田町2）
主催	全国金魚すくい競技連盟・大和郡山市
問い合わせ	大和郡山市役所地域振興課 0743-53-1151

金魚まつり

境内に金魚の露店をはじめ多くの店が所狭しと並びます。

開催日	毎年5月2日・3日
会場	鎮国守国神社 （三重県桑名市吉之丸9）
主催	鎮国守国神社
問い合わせ	鎮国守国神社 0594-22-2238

金魚と鯉の郷まつり

品評会のほか、金魚や特産品の展示・販売が行われる。

開催日	10月下旬
会場	金魚と鯉の郷広場 （熊本県玉名郡長洲町大字長洲3150）
主催	長洲町養魚組合
問い合わせ	長洲町まちづくり課 0968-78-3219

品評会

弥富市で実施された「金魚日本一品評大会」

品評会に行ってみよう

品評会は、愛好家が金魚を出品し、品種ごとの基準に沿って審査が行われ、入賞者を決定する大会です。通常、品評会では、出品された金魚は購入できませんが、愛好家が腕によりをかけて生み出した美しい金魚をたくさん目にすることができます。

例えば、金魚の名産地として知られる愛知県弥富市で開催される「金魚日本一品評大会」では、全部で500匹以上の金魚が出品され、部門ごとに審査が行われます。

日本観賞魚フェア

開催日	4月または5月
会　場	タワーホール船堀 (東京都江戸川区船堀4-1-1)
主　催	日本観賞魚振興事業協同組合
問い合わせ	江戸川区農産係 03-5662-0539

日本らんちう協会全国品評大会

開催日	11月3日
会　場	日比谷公園(東京都千代田区日比谷公園)など各地(東京、大阪、名古屋で開催)
主　催	日本らんちう協会
問い合わせ	日本らんちう協会 http://jranchu.jp

埼玉養殖魚まつり

開催日	4月第1日曜と11月3日の年2回
会　場	埼玉県水産試験場内 (埼玉県加須市北小浜1060-1)
主　催	埼玉県養殖漁協同組合など
問い合わせ	埼玉県養殖漁協同組合 0480-61-1151

静岡県金魚品評大会

開催日	9月の日曜日
会　場	はままつフラワーパーク (静岡県浜松市館山寺町195)
主　催	静岡県西部観賞魚組合
問い合わせ	(株)清水金魚 053-421-1223

金魚日本一大会

開催日	10月最終の日曜日
会　場	海南こどもの国 (愛知県弥富市鳥ヶ地町二反田1238)
主　催	弥富金魚漁業協同組合
問い合わせ	弥富金魚漁業協同組合 0567-65-1250

素人金魚名人選

開催日	海の日(7月の第3月曜)
会　場	各地
主　催	素人金魚名人選事務局
問い合わせ	素人金魚名人選事務局 http://shiroutokingyo.jimdo.com

※イベントや品評会の開催時期などの詳細は事前にお問い合わせください。

金魚用語辞典

金魚の飼育にあたって用いられる言葉について解説します。

【あ】

青水（あおみず）
植物性プランクトンや藻類が繁殖し、見た目が緑色になった水のこと。金魚にとっては良質な天然のエサとなります。

明け2歳（あけにさい）
春に生まれ、年を越して2年目の春を迎えた金魚のこと。3年目を迎えた金魚は3歳魚、それ以降は親魚と呼ばれます。一般に明け2歳から繁殖が可能といわれています。

色揚げ（いろあげ）
金魚の体色を鮮やかにすること。色揚げ用のエサも市販されています。

色変わり（いろがわり）
成長に伴い、金魚の体色が変わること。生後3か月ほどで色変わりは終わります。

上見・横見（うわみ・よこみ）
金魚を上から見ること、また上から見た姿は「上見」といわれます。「上見が良い」といった使われ方をします。一方、金魚を横から観賞することを「横見」といいます。

エアレーション
エアーポンプなどによって、水中に空気を送り込んで酸素を補給すること。

追星（おいぼし）
繁殖期のオスのエラぶたや胸ビレなどに現れる白い点。

【か】

カルキ
水道水に含まれる塩素のこと。金魚にとって有害です。

キャリコ
赤、藍、黒の3色のまだら模様。「三色」と呼ばれることもあります。

魚巣（ぎょそう）
金魚が産卵するための水草などのこと。ナイロン製やプラスチック製の人工魚巣もあります。

黒子（くろこ）
色変わりする前の黒っぽい状態の稚魚のこと。

【さ】

更紗（さらさ）
赤と白のまだら模様のこと。赤が多いものは「赤勝ち更紗」、白が多いものは「白勝ち更紗」と呼ばれます。

素赤（すあか）
赤一色の体色のこと。和金の赤一色のものを「素赤」と呼ぶこともあります。

背なり（せなり）
金魚を横から見たときの背中のアウトラインのこと。ランチュウなどの背ビレのない品種は、とくにその美しさが重視されます。

選別（せんべつ）
稚魚を選り分ける作業のこと。

【た】

退色（たいしょく）
稚魚が金魚の色になることで、色変わりともいいます。

中国金魚（ちゅうごくきんぎょ）
もともと金魚は中国から輸入されましたが、日本で生まれて固定された品種もあります。昭和30年代以降に輸入された品種は中国金魚と総称されます。

中和剤（ちゅうわざい）
水道水に含まれる塩素を除去する薬剤。「カルキ抜き」とも呼ばれます。

当歳魚（とうさいぎょ）
その年に孵化した金魚のこと。

透明鱗（とうめいりん）
虹色素細胞を持たない透明なウロコのこと。エラぶたなどは、筋肉が透けてピンク色に見えます。

【な】

長もの・丸もの（ながもの・まるもの）
和金やコメットのように細長い金魚を「長もの」または「長手」と呼びます。これに対し、琉金やオランダ獅子頭などの丸みのある金魚を「丸もの」または「丸手」と呼びます。

肉瘤（にくりゅう）
金魚の頭部にコブのように発達した盛り上がった部分。中身は脂肪です。ランチュウやオランダ獅子頭などによく見られます。

【は】

ハイポ
カルキ抜きに使用されるチオ硫酸ナトリウムのこと。

鼻上げ（はなあげ）
酸素不足により、金魚が水面で口をパクパクとさせること。酸欠の危険信号ですので、水換えやエアレーションが必要になります。

開き尾（ひらきお）
三つ尾や四つ尾など2枚に開いたような尾ビレのこと。

フナ尾（ふなお）
祖先であるフナと同じように、1枚だけの尾ビレのこと。

ブラインシュリンプ
塩水湖の海産エビの一種。乾燥卵の状態で販売されており、人工孵化させて稚魚のエサとして与えます。

PH（ペーハー）
水の酸性やアルカリ性を表す値。金魚の飼育には中性が好ましく、PH7.0が適しています。

【ま】

水合わせ（みずあわせ）
金魚を移動させる際に、水温や水質の急変によって体長を崩さないように、水に慣らせる作業。

【や】

薬浴（やくよく）
病気やケガをした金魚を薬を溶かした水槽に入れて治療すること。

［監修・撮影］
長尾桂介◎1980年広島市生まれ。創業1948年の伊藤養魚場（広島市）の三代目経営者。生まれてから常に金魚が身近にいる生活を続けているため金魚との付き合いは30年以上。モットーは、「金魚のいる楽しい生活をより多くの皆さんに伝え、癒やしを感じていただく」。伊藤養魚場は、老舗ならではのネットワークで安定的に金魚を調達。常時、50種類ほどの金魚を販売している。ホームページ上から個人向け通信販売も行っている。
ブログ◎「伊藤の金魚係日記」を更新中
http://itouyougyojyou.blog73.fc2.com/

［伊藤養魚場］
所在地◎広島市南区旭2-16-7
ＴＥＬ◎082-251-4095
Ｈ　Ｐ◎http://www.sportsonline.jp/itou-yougyojyou/
ｅｍａｉｌ◎goldfish@hicat.ne.jp

［編集・執筆・制作］
二宮良太、久保範明、深澤廣和、尾崎京子
有限会社インパクト（執筆・編集・制作）

［デザイン］
有限会社PUSH

［イラスト］
栗原眞琴

楽しい金魚の飼い方　プロが教える33のコツ　新版
～長く元気に育てる～

2021年 4 月15日　第1版・第1刷発行
2023年11月25日　第1版・第4刷発行

監　修　長尾 桂介（ながお けいすけ）
発行者　株式会社メイツユニバーサルコンテンツ
　　　　代表者　大羽孝志
　　　　〒102-0093東京都千代田区平河町一丁目1-8
印　刷　大日本印刷株式会社

◎「メイツ出版」は当社の商標です。

 ISBN978-4-7804-2450-8　C2077　Printed in Japan.

ご意見・ご感想はホームページから承っております。
ウェブサイト https://www.mates-publishing.co.jp/

企画担当：折居かおる

※本書は2018年発行の『楽しい金魚の飼い方　プロが教える33のコツ　長く元気に育てる』の新版です。